最簡單的生產製造書 ⑨

圖解 貴金屬技術

化學特性╳稀貴材料╳高階製程╳回收精煉
全面了解貴金屬最尖端技術及高科技製品再升級應用

清水進、村岸幸宏 著
洪銘謙 譯

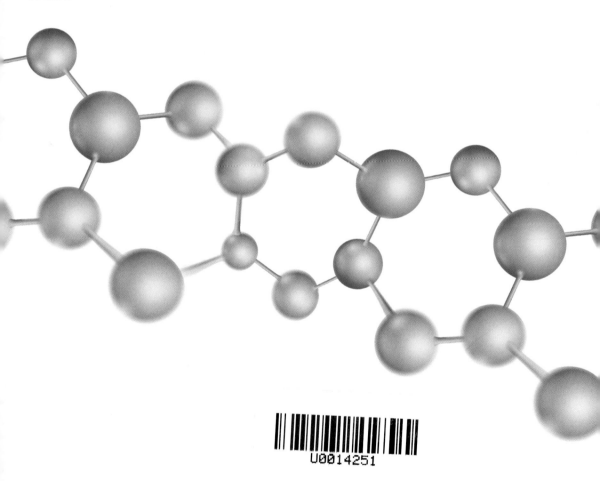

U0014251

序

　　說到「貴金屬」，可能很多人腦海中會浮現出金、銀、鉑等閃閃發亮的珠寶首飾。然而貴金屬還有不為人知的另一面。舉例來說，貴金屬可用於手機及電腦等裝置的內部零件，或用於汽車及化學設備中的催化劑。貴金屬做為不可或缺的工業材料，在我們看不見的地方正扮演著重要角色。

　　催化劑，指的是本身不產生變化但可讓其他化學物質產生變化的特殊物質。特別是鉑系催化劑的應用，在化學工業、醫藥品、食品等的製造上更是不可或缺，今後也可望發展出更多可能性。例如燃料電池中使用的催化劑即為鉑系元素，在2010年10月以碳的交叉耦合反應研究獲得諾貝爾獎的北海道大學名譽教授鈴木章博士及美國普渡大學（Purdue University）特聘教授根岸英一博士，其研究成果即是將鈀當做催化劑使用。

　　此外，由於金過去被認為催化活性較低，因此無人進行金催化劑的相關研究。然而，東京都立大學教授春田正毅博士任職於大阪工業技術試驗所時，開始著手金催化劑的研究開發，並成功將其投入實際應用，進一步拓展了金催化劑的應用領域。

　　本書是一本介紹貴金屬的入門書籍，以從事貴金屬工業產品開發製造的讀者，以及對貴金屬的神奇特性感到好奇的學生或一般讀者為對象，深入淺出地介紹貴金屬是什麼、在哪裡開採、用什麼方式開採、可應用於哪些方面、擁有何種性質，及其加工方法與應用領域。

　　特別是金與銀，由於日本書市已有眾多相關出版圖書，故本書將盡可能著墨於產地有限、資源稀少但新用途愈來愈廣的鉑系元素。近年來稀土金屬備受矚目，其中貴金屬更是極其稀有，在使用或加工上有必要與一般金屬分開處理。對這方面有興趣的讀者敬請參考書末附錄的參考文獻。

　　本書於編纂時承蒙田中控股株式會社（TANAKA Holdings Co., Ltd.；TANAKA ホールディングス株式会社）全面協助，不吝提供資料及各種幫助，在此深表謝意。並且，本書中所刊登之照片，為使用莊信萬豐股份有限公司（Johnson Matthey plc）所發行《A History of Platinum and its Allied Metals（DONALD McDONALD ＆ LESLIE B. HUNT 著）》的部分照片，在此謹表感謝之意。

　　貴金屬是無名英雄，在我們看不見的地方扛起重責大任；同時也有許多尚未被人類發現的特質，是蘊藏著未知可能性的材料。期望本書能為讀者帶來啟發，讓資源稀少的貴金屬能夠被有效利用，並進一步帶動貴金屬回收再生技術發展。

2016 年 6 月　作者

第**2**章　貴金屬的發現與歷史

第**3**章　從礦石中提煉貴金屬

_第**4**_章 貴金屬製品範例

第 **5** 章 貴金屬的加工

貴金屬的熱處理與機械性質

第 1 章

貴金屬是什麼

醫療、環境、能源、化學、電機電子、玻璃工業等各種領域中，
貴金屬在平常看不見的地方奠定了我們的生活基礎。
貴金屬與日常生活密不可分。本章節中將依序介紹其個別用
途、物性、化性、在元素週期表上的位置及晶體結構等。

1.1　所謂的貴金屬

　　一般聽到「貴金屬」，可能很多人會聯想到珠寶首飾，並誤以為鑽石、紅寶石等寶石與鈦、鉭、鈮等稀土金屬都屬於貴金屬的一種，然而並非如此。

　　自然界的金屬元素中能被稱為貴金屬的只有金（Au）、銀（Ag）及6種鉑系元素，包含鉑（Pt）、鈀（Pd）、銠（Rh）、釕（Ru）、銥（Ir）、鋨（Os）等共8種金屬。將前述金屬元素互相混合或摻雜其他金屬元素的合金稱為貴金屬合金。

　　據說人類最早獲得的金屬是「金」。雖然確切時間未知，但6000年前，甚至一說在8000年前的古近東（今中東一帶）美索不達米亞文明中便已將金當成寶物。由於金極為罕見，當時的王公貴族將其視為財富與權力的象徵，其輝煌崇高的永恆之美也在裝飾、財寶、宗教、美術工藝品等領域中一直深受喜愛。

　　然而近年來，有別於前述的財富象徵或審美觀等領域，金、銀及鉑系元素所擁有的物性、化性，即耐蝕性、耐熱性、電導率、熱導率、磁性、化學穩定性、催化劑反應等功用與特性在工業領域中備受重視，在尖端科技方面已是其他元素所無法取代的材料。

　　稀有且昂貴的貴金屬潛藏著今後在未知領域中發揮重要作用的可能性。要如何才能讓人類未來還能夠持續使用這些有限的資源，這是我們如今所要面對的重要課題。

 1.2 貴金屬的應用領域

　　貴金屬因其信賴性高，廣泛用於電機電子工業、化學工業、玻璃工業、醫療、環境、能源等各大領域（圖1-1）中的尖端科技關鍵材料，在裝飾與資產保值方面亦有大量需求。

　　然而貴金屬，尤其是鉑系元素的缺點為產地與產量都極其有限以至於價格高昂，並且有時會被投機客盯上導致價格暴漲或暴跌，容易被市場經濟操控也是一大問題。

（1）金的用途

　　自古以來，金即是對人類而言最有吸引力的金屬材料代表。其市場需求主要來自裝飾品、資產儲藏、投資用金塊、金幣及紀念獎章等，用於產業領域中的金僅占整體的10%左右（圖1-2）。金在空氣中也不會變色，導電性佳且易於加工，因此在電子工業中是至關重要的材料。雖然金在電子

圖1-1 貴金屬資源的應用領域

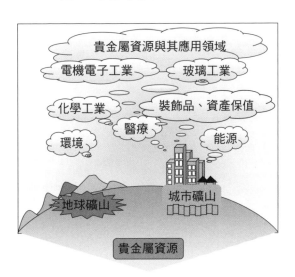

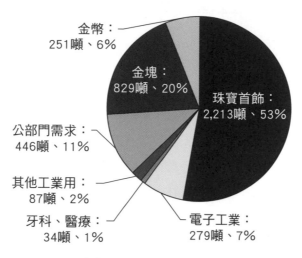

圖1-2 金在各種用途中的使用量（2014年）

金幣：
251噸、6%

金塊：
829噸、20%

珠寶首飾：
2,213噸、53%

公部門需求：
446噸、11%

其他工業用：
87噸、2%

牙科、醫療：
34噸、1%

電子工業：
279噸、7%

出處：GFMS Gold Survey 2015

工業中的年使用量僅占整體市場需求的約7％，但由於其信賴性高，在電腦或手機內的積體電路（IC、LSI、超LSI等）中已是不可或缺的材料。在電子元件中最重要的接觸部分及接頭等元件的電接點中，金也因為同樣理由而被廣泛使用。此外，由於其熔融狀態時流動性佳，具高耐蝕性及高耐熱性，因此在強度需求高的宇宙火箭冷卻管中的接合亦使用金焊料。金擁有防變色、抗腐蝕等多重效果，可用於易生鏽的金屬及塑膠或陶瓷等材料的表面防護。

在化學工業上，製造嫘縈（人造纖維的一種）時所用的噴絲頭即為金與鉑的合金。此外，過去金被視為催化劑反應不佳，但最近卻常使用金微粒來做為排氣淨化或製備化學品時的催化劑。金擁有能夠反射紅外線及遠紅外線的特性，利用此特性將金薄膜蒸鍍在電熱爐上，即便電熱爐燒得通紅仍能看到內容物；也可將金溶膠分散於玻璃中使用於大樓窗戶等。

透過最近的研究發展，金的奈米溶膠粒子（超微粒子）亦應用於體外診斷藥、高病原性禽流感病毒檢測，及豬肉檢測查驗等方面。

此外，金自古以來也都一直被用於牙科材料中。

（2）銀的用途

銀與金有很大的不同，在整體市場中用於產業方面的需求量約占56％，與金相比，銀的使用量多了一個位數。銀的產量多，也比其他貴金屬便宜，因此多用於銀器、裝飾品、紀念獎章、銀幣等用途中，同時也是市場投機客儲藏的對象（圖1-3）。

銀的特徵之一是對光反射率極高，可反射約98％的太陽可見光，因此常用於反光鏡或鏡子中。除此之外，由於使用了銀氯化物的感光材料能夠顯現出非常特別的顏色，因此有很長一段時間被大量用於照片的銀鹽底片上。

然而由於近年電子科技的進步，數位化照片普及導致底片需求遽減。以往銀在照片方面的使用量占了整體約40％，到了2014年僅剩4％左右。另一方面，銀在太陽能電池上的應用則逐年增加。

銀的另一個特徵則是擁有所有金屬中最高的電導率及熱導率，故在電機產業界中大量用於導電材料及接點材料中。例如日常生活中不可或缺的交通系統中的紅綠燈，以及在汽車、電車、船、飛機等各種交通工具中，皆使用銀合金做為電機電子控制線路中的導電材料。此外，家中配電盤裡面的開關（斷路器）接點，以及周遭的家電用品的主要零件與太陽能電池中皆有使用銀。

圖1-3 銀在各種用途中的使用量（2014年）

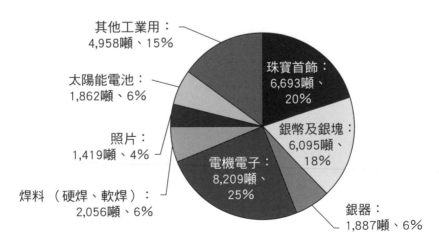

其他工業用：
4,958噸、15％

太陽能電池：
1,862噸、6％

照片：
1,419噸、4％

焊料（硬焊、軟焊）：
2,056噸、6％

珠寶首飾：
6,693噸、
20％

銀幣及銀塊：
6,095噸、
18％

電機電子：
8,209噸、
25％

銀器：
1,887噸、6％

出處：world silver Survey 2015

且由於銀是所有貴金屬中最便宜的材料，因此在接合用銀焊料中可活用銀的特性與其他材料混合成合金，或在牙科材料中與金、鈀混合成合金使用。

　　銀的另外一個特徵是抗菌，可製成液狀或粉末狀的抗菌噴霧，或在纖維、塑膠表面鍍上一層銀可製成抗菌產品。

　　此外，銀具有催化劑反應，亦可做各種催化劑使用。例如從甲醇中製備甲醛時使用銀製的網、線、粉末粒子做為催化劑。

　　銀的另一個有趣的特徵是在有氧氣的地方將銀加熱後可使氧滲透，同時銀還具有高電導率的特性，因此也經常用於氧化物高溫超導體的外皮中。

（3）鉑系元素的用途

①鉑的用途

　　鉑系元素中，因數量較多而最常被使用的是鉑與鈀。鉑是最受日本人喜愛的貴金屬之一。1992年左右曾有一段時期，日本人因裝飾、投資、儲藏等各種用途而進口的鉑數量約占世界總量的將近5成。後因日本經濟泡沫破裂而銳減至18%以下。目前則由中國大量收購鉑，占世界總量的31%。

圖1-4 鉑在各種用途中的使用量（2014年）

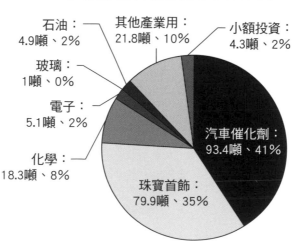

出處：GFMS Platinum & palladium Survey 2015

用於珠寶首飾的35％與用於投資的2％，合計37％的鉑用於產業以外用途（**圖1-4**）。

產業用途的鉑有63％。當中用量最多的是汽車排氣淨化催化劑，其使用量曾一時達近60％，但美國雷曼兄弟次貸風暴事件（後簡稱次貸風暴）後因汽車生產數量降低而大幅減少至約41％。

除此之外，鉑在電機電子產業中則用於積體電路元件中，或做成鈷鉻合金用於電腦硬碟中的磁性材料。在玻璃工業中，由於鉑的特性為耐高溫且不易與玻璃產生反應，因此是唯一可用於熔解玻璃的材料，用於熔解高性能玻璃、光學透鏡、平板用玻璃等時的坩堝及裝置。此外，由於鉑擁有良好的耐熱性與耐蝕性，故亦用於化學實驗及化學工業中的器具、裝置等。

另一方面，除了汽車的排氣淨化裝置用的催化劑之外，鉑亦廣泛用於辛烷值96以上的高辛烷值汽油、石油產品的精煉、製造硝酸用的氨氧化，以及除臭、燃燒等各領域中。家庭中冰箱及廁所內使用的除臭材料中也有使用到鉑。

醫藥品方面較有名的則是抗癌藥。由日本開發的奧沙利鉑（商品名稱為Elplat），於法國獲得核准製造販售十餘年後終於在日本獲准上市，對大腸癌有確切療效，為癌症患者的福音。在醫療用途中，其他還有如心律調節器的電極、標記導管（X光無法穿透，用來追蹤位置的導管）、腦動脈瘤的栓塞與填堵（支架）材料中都使用了鉑合金線。

鉑亦用於各種感測器中，如測溫電阻器與測量高溫用的熱電偶，以及調整汽車引擎空燃比的含氧感測器。此外也用於可生成家用鹼性離子水、酸性水的淨水器中，以及循環式恆溫浴缸的殺菌用電極中。

鉑之所以受矚目的原因之一是可做為燃料電池的電極催化劑使用。目前家用小型燃料電池已通過可行性評估並進入實際應用階段，燃料電池車也已進入市場驗證階段。前述的電極催化劑在碳的微粒子表面上分布1nm（奈米）的鉑／釕微粒後可供發電。若此方法進入實際應用階段，則鉑的使用量將會大增，可預見鉑在今後將面臨資源上的嚴峻挑戰。

最近成功研發的鉑合金系金屬玻璃，其強度數倍於鉑，因不具晶態故聲音清脆，加上不易刮傷等特性而常用於首飾等，目前則尚未發現工業上的具體用途。

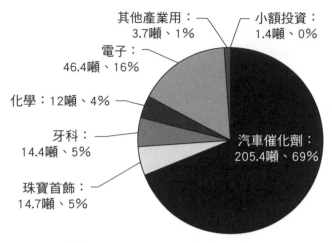

圖1-5 鈀在各種用途中的使用量（2014年）

其他產業用：
3.7噸、1%

小額投資：
1.4噸、0%

電子：
46.4噸、16%

化學：12噸、4%

牙科：
14.4噸、5%

珠寶首飾：
14.7噸、5%

汽車催化劑：
205.4噸、69%

出處：GFMS Platinum & palladium Survey 2015

②鈀的用途

鈀的市場需求量中約有70％用於汽車的排氣淨化催化劑。汽車產量雖然減少，但鈀的使用量降幅不如鉑劇烈，原因之一是由於鉑價格高昂，汽車催化劑轉而使用鈀代替。

鈀的電子用途雖占約16％，但最近晶片型電容的電極也開始使用貴金屬以外的材料來取代鈀。

使用量占比中第二多的是用於珠寶首飾，約5％，其中大部分是用鈀與金或鉑混合成合金的裝飾品。然而近年來由於鉑與金價格高漲，在歐洲開始使用以鈀為主的裝飾用合金材料做為男性婚禮首飾（圖1-5）。英國於2010年正式核准可對鈀金屬打上純度印記。

鈀在電機電子工業用途中，因其良好的耐蝕性與耐熱性，經常單獨或與銀混合成合金做成可防止銀硫化的材料，並用於電接點或導電材料中。原因在於除了鈀本身所擁有的特性之外，與鉑、金相比鈀亦稍微便宜之故。

依不同用途，鈀擁有可代替金的特性，因此亦用於電接點及半導體電路的連接材料中，也常用於電子工業中陶瓷電容的厚膜膏中。亦有用於金或銅的無電鍍用導電材料等的特例。

鈀是特性非常優秀的催化劑，日本的兩位科學家，北海道大學工學部名譽教授鈴木章教授與美國普渡大學特聘教授根岸英一教授發明了碳交叉耦合反應用的鈀催化劑，不僅在各領域製程中皆扮演重要角色，亦用於醫藥品合成與食品等催化劑中。

鈀用於燃燒催化劑時的性質非常獨特。在大氣中超過攝氏約400℃後會生成氧化鈀並觸發催化劑活性，但達890℃後又會還原成原本的金屬鈀並失去活性。在溫度控制（Temp limit）中即利用此特性將鈀做為燃燒催化劑。

鈀最獨特的是擁有能夠大量吸附氫並使其迅速滲透的性質，此性質可用於精煉高純度的氫。

此外，在牙科材料中鈀的使用量可與金匹敵。將鈀與銀、金、其他金屬混合而成的合金，被大量用於抗壓強度需求高的牙冠，及取齒模時的脫蠟鑄造用合金。這種合金的耐蝕性及可鑄性佳，且由於金不適用日本的健保給付，故牙科材料中多使用鈀。

太空探索中不可或缺的火箭引擎，其裙部冷卻管接合亦使用鈀與金的合金所製成的焊料。

③銠、銥、釕的用途

銠主要來自鉑礦中的副產物，產量僅約占鉑的1成多，大多用於汽車的排氣淨化催化劑。其他用途還有玻璃熔解裝置中為強化鉑而與其混合成的合金材料，以及熱電偶、電阻器中使用的合金。

在裝飾用途方面，可用於白色系裝飾品的表面修飾鍍膜，除此之外用途非常少，此為銠的特徵（圖1-6）。

銥的市場需求非常稀少，主要用途為電化學工業中電解食鹽水以製備氫氧化鈉時用的不溶性電極，此類電極是在鈦金屬上以銥氧化物及釕氧化物燒製而成。

電機電子產業中從很久以前就將鉑-銥合金細線用於電氣雷管的加熱線中，用於引爆矽藻土炸藥。製備單晶氧化物時用的柴氏拉晶法中亦使用銥坩堝。銥亦用於飛機及汽車的火星塞等點火裝置中。

釕在需求面上變動非常劇烈。在用途方面，電子產業自古以來便使用

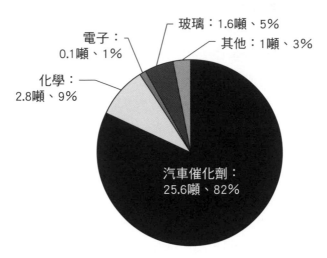

圖1-6 銠在各種用途中的使用量（2014年）

電子：
0.1噸、1%

玻璃：1.6噸、5%

其他：1噸、3%

化學：
2.8噸、9%

汽車催化劑：
25.6噸、82%

出處：GFMS Platinum&palladium Survey 2015

釕製作晶片電阻器。此外，薄型電視中的電漿螢幕亦使用釕。過去一段時期，釕曾用於硬碟垂直寫入技術（PMR）導致供應不足而引發問題，如今產能已充足並持續生產。

在電化學方面，前述電解食鹽水時所使用的燒製電極中，將釕與鈀混合成合金用於電接點材料中，可提高其硬度並降低材料損耗。

除此之外，釕與鉑常一起用於燃料電池催化劑中。

1.3 貴金屬的種類與性質

（1）金

　　金由於在大氣中不變色而用於防蝕鍍層，因其延展性良好，可加工成金箔或極細的金線。且金對綠色可見光以上波長的光具有高反射率，能反射波長在紅光以上的紅外線及遠紅外線等熱線，反射率高達98.4%，因此也用於宇宙裝置等機械表面的保護膜中。

英文：Gold　　　　　　　　　　　化學符號：Au
原子序：79（質子數）　　　　　　原子量：196.967
熔點：1064.18℃　　　　　　　　　沸點：2856℃
密度：19.302g・cm^{-3}（25℃）
電阻率：2.01×10^{-8}Ω・cm（0℃）
熱導率：317W／（m・K）
膨脹係數：14.16×10^{-6}／℃
維氏硬度：25 ～ 27HV（退火後）

（2）銀

　　銀與金一樣擁有良好的延展性，擁有所有金屬中最高的電導率與熱導率。銀是電的良導體，因此用於繼電器或開關等裝置中的電接點材料中。銀化合物的感光特性可用於照片底片上，其高反射率則可應用在鏡子等反光材料上。

英文：Silver　　　　　　　　　　化學符號：Ag
原子序：47（質子數）　　　　　　原子量：107.868
熔點：961.78℃　　　　　　　　　沸點：2162℃

密度：10.49 g・cm^{-3}（20℃）

電阻率：1.59×10^{-8}Ω・cm（0℃）

熱導率：429W／（m・K）

膨脹係數：19.68×10^{-6}／℃

維氏硬度：25～30HV（退火後）

（3）鉑

　　鉑使用量最多的領域為汽車的排氣淨化催化劑，其他亦用於合成化學品時的催化劑。由於鉑耐高熱且不會污染玻璃，故用於玻璃熔解裝置或加熱裝置中。此外亦可用於抗癌藥中，今後可望能夠開發出全新用途。

英文：Platinum　　　　　　　　　　　化學符號：Pt

原子序：78（質子數）　　　　　　　原子量：195.09

熔點：1768.2℃　　　　　　　　　　沸點：3825℃

密度：21.45 g・cm^{-3}（20℃）

電阻率：9.85×10^{-8}Ω・cm（0℃）

熱導率：71.6 W／（m・K）

膨脹係數：9.1×10^{-6}／℃

維氏硬度：37～42HV（退火後）

（4）鈀

　　鈀對氫的吸附率極高，且滲透率高，可用於氫的精煉裝置中。鈀亦廣泛用於牙科材料中，且常與鉑一起用於汽車的排氣淨化催化劑中。在電子材料方面則大量用於接頭及陶瓷電容等零件中。

英文：Palladium　　　　　　　　　　化學符號：Pd

原子序：46（質子數）　　　　　　　原子量：106.42

熔點：1554.8℃　　　　　　　　　　沸點：2964℃

密度：12.02 g・cm^{-3}（20℃）

電阻率：9.93×10^{-8}Ω・cm（0℃）

熱導率：71.8W／（m・K）

膨脹係數：11.1×10^{-6}／℃

維氏硬度：37 ～ 44HV（退火後）

（5）銠

　　銠有良好的硬度、耐蝕性與耐磨性，色白且反射率高，用於反射鏡及裝飾品表面鍍層。是汽車的排氣淨化催化劑中還原催化劑不可或缺的材料。銠與鉑混合成合金後可提高其耐熱、耐揮發性。由於不易為水銀所潤濕，亦可用於磁簧繼電器的開關中。

英文：Rhodium　　　　　　　　　　　化學符號：Rh

原子序：45（質子數）　　　　　　　原子量：102.90550

熔點：1963℃　　　　　　　　　　　沸點：3695℃

密度：12.41 g・cm^{-3}（20℃）

電阻率：4.33×10^{-8}Ω・cm（0℃）

熱導率：150W／（m・K）

膨脹係數：8.3×10^{-6}／℃

維氏硬度：120 ～ 140HV（退火後）

（6）銥

　　銥的硬度高、加工性差，但耐高溫，可用於柴氏拉晶法中的坩堝以製備單晶，或用於汽車火星塞材料中。將銥與鉑或鈀混合成合金，僅需少量銥即可使硬度增加並使結晶微化，故用於電氣雷管中的加熱線或牙科材料等用途。

英文：Iridium　　　　　　　　　　化學符號：Ir

原子序：77（質子數）　　　　　原子量：192.217

熔點：2466℃　　　　　　　　　沸點：4428℃

密度：22.56 g・cm^{-3}（20℃）

電阻率：4.71×10^{-8}Ω・cm（0℃）

熱導率：147W／（m・K）

膨脹係數：6.8×10^{-6}／℃

維氏硬度：200～240HV（退火後）

（7）釕

　　耐蝕性良好但硬度高，常溫下極難進行加工。在燃料電池的電極催化劑鉑中添加釕可提高材料壽命。可用於電接點，或用於硬碟的垂直寫入技術中以提高硬碟容量。釕今後可望用於光催化劑材料，將水分解為氫氣。

英文：Ruthenium　　　　　　　化學符號：Ru

原子序：44（質子數）　　　　　原子量：101.07

熔點：2234℃　　　　　　　　　沸點：4150℃

密度：12.45 g・cm^{-3}（20℃）

電阻率：6.8×10^{-8}Ω・cm（0℃）

熱導率：117W／（m・K）

膨脹係數：9.1×10^{-6}／℃

維氏硬度：200～350HV（退火後）

（8）鋨

　　鋨由於易氧化而不單獨使用，過去曾與其他金屬混合成合金後，用於硬度需求高且耐磨損的鋼筆筆尖及羅盤軸芯。現亦用於催化劑、指紋鑑

識、脂肪性組織染色劑等領域中。其特徵為過度加熱會急遽氧化並排放有
毒氣體，味道十分強烈。

英文：Osmium

化學符號：Os

原子序：76（質子數）

原子量：190.23

熔點：3033℃

沸點：5012℃

密度：22.59 g・cm^{-3}（20℃）

電阻率：8.12×10^{-8}Ω・cm（0℃）

熱導率：87.6W／（m・K）

膨脹係數：6.1×10^{-6}／℃

維氏硬度：300 ～ 670HV（退火後）

1.4 各種貴金屬的性質比較

（1）機械性質

　　將貴金屬進行拉伸試驗後可測出斷裂強度、拉伸率、維氏硬度等機械性質，比較後可知金、銀的機械性質相近。即退火後變軟、硬度25～30HV、抗拉強度約13 kgf／mm²、拉伸率40％～50％，延展性極為良好，因此可壓延加工成板或線材，或加工成厚度0.1μm（微米）的箔片，易於塑性加工。可加工性極為良好，易進行精密加工，表面拋光後亦十分漂亮。

　　鉑與鈀性質亦相近，較金、銀稍硬（**圖1-7**），文獻記載其硬度約在40HV上下，但實際測量現場使用的材料時，因材料純度等影響硬度會稍微變高，約50HV，拉伸率則會稍微降至30％～40％。鉑與鈀的塑性加工性皆良好，在壓延、抽線、衝壓成形等加工中擁有不遜於金、銀的延展性，雖可加工成薄箔片，但與工具機件的摩擦劇烈，易使工具機件過熱導致材料發生高溫變質，故潤滑油的選用極為重要。此外，切削加工時刀具如發

圖1-7 貴金屬的機械性質

	維氏硬度（HV）	拉伸率（％）	抗拉強度（kgf／mm²）
金	25-27	39-45	13-14
銀	25-30	43-50	13-19
鉑	37-42	30-40	13-17
鈀	37-44	29-34	15-23
銠	120-140	30-35	74-91
釕	200-350	—	—
銥	200-240	20-22	113-127
鋨	300-670	—	—

生高溫變質，可能導致後續加工困難。鈀在吸附氫後會變得極度脆弱，利用此特性讓鈀表面吸附氫氣，便可降低與工具機件之間的摩擦阻力。

另一方面，銠退火後硬度仍高達120 ～ 140HV，抗拉強度亦有74 ～ 91kgf ／ mm^2，拉伸率30 ～ 35％，與前述金、銀、鉑、鈀4種金屬相比，硬度極高。雖較難進行冷成形，但透過熱成形亦可加工成板材、線材，或做衝壓成形。經熱成形製成薄片或細線後的銠材，亦可進行冷成形。

銥退火後硬度有200HV，抗拉強度113 ～ 127kgf ／ mm^2，拉伸率約20％，比銠還硬。常溫下極難加工，雖可勉強進行小角度的折床加工，但一般都在高溫下做熱成形。冷成形下的切削極為困難，易使刀具劇烈損耗，故一般使用研削加工。

釕的加工難度更甚於銥，表中所列為維氏硬度，實際加工時硬度更高，冷成形下無法進行加工，熱成形下即便在1500℃以上高溫也僅能使其產生變形，若欲進一步加工成形則需要更高溫度，否則難以維持機具狀態及工作溫度，故加工極為困難。欲加工成產品形狀，需要仰賴研削或放電加工等，或透過粉末冶金等NNS（Near Net Shape，接近淨型，指材料初始加工後已接近產品型態）加工技術。

（2）電導率與熱導率

金屬由許多原子集合而成，原子間外圍電子軌道重合，這些外圍電子在填滿空位（容後說明）時，與存在許多電子空位時的電子運動方式不同。意即電子能夠在空位中自由移動，稱為自由電子。電導率受自由電子數量、離子種類及排列方式影響，離子存在時會對電子運動造成阻礙。

電導率一般以IACS（International Annealed Copper Standard，國際退火銅標準）表示。此單位以國際間採用的退火標準軟銅電阻率（或電導率）為基準，將其體積電阻率定為 $1.7241 \times 10^{-2} \mu \Omega \cdot m$，並將此值定為IACS100％做比較標準。

金屬中電導率、熱導率最高的是銀。銀的IACS為106，比銅的100還高。金的IACS為73.4僅次於銀。銥為36.6、銠為39.8，兩者相近，不到金的一半，約為銀的1 ／ 3。接著是釕25.7，約為銀的1 ／ 4。往下依序為鋨21.2，鉑17.5，鈀17.4。熱導率排序亦呈現相同傾向。

（3）熔點

　　熔點部分，金為1064.18℃、銀為961.78℃。為熔點最低的兩個貴金屬，易於熔解，但同時也有耐熱方面的問題。鉑系元素與金、銀相比，其特徵為熔點較高，鈀的熔點為1554.8℃、鉑1768.2℃、銠1963℃，熔點極高，目前可用於熔解此溫度範圍的坩堝材料只有陶瓷，故此為貴金屬熔解的極限。

　　釕的熔點為2234℃、銥2466℃、鋨3033℃。由於目前尚未發現能夠用於熔解這些高熔點材料的耐高溫材質，故使用水冷式銅鑄模。這些材料在大氣中易氧化，尤其釕、鋨一旦形成氧化物後會在低溫中蒸發。鋨的氧化物熔點40.25℃、沸點130℃；釕的氧化物熔點25.4℃、沸點40℃，與金屬狀態相比，僅需極低溫度即可將其熔解、蒸發，利用此特性可分離或精練材料。

（4）膨脹係數

　　加熱後的線膨脹係數中，金、銀與鉑系元素有著極大差異。銀的線膨脹率最高，不同溫度下可高達19.6（100℃）～22.4（900℃）〔10^{-6}／℃〕，其次為金14.2（100℃）～16.7（900℃）〔10^{-6}／℃〕。相較之下，膨脹率最低是銥的6.8（100℃）～7.8（1000℃）〔10^{-6}／℃〕。

　　介於中間的則有銠8.5（100℃）～10.8（1000℃）〔10^{-6}／℃〕，鉑9.1（100℃）～10.2（1000℃）〔10^{-6}／℃〕，兩者數值相近。鈀則稍高，為11.1（100℃）～13.6（1000℃）〔10^{-6}／℃〕。鉑的膨脹率與鈉玻璃相近，以前的白熾燈泡曾使用鉑做為燈絲，與燈芯柱一起封入玻璃中使用。

（5）密度

　　貴金屬中密度最低的為銀10.45g／cm^3，往上依序為鈀12.02 g／cm^3、銠12.41 g／cm^3、釕12.45 g／cm^3，此4種金屬密度相對接近。相較之下，金的密度為19.3g／cm^3，為銀的近2倍，鉑21.45 g／cm^3比銀大2倍以上。而銥與鋨的密度又更高，分別為22.56 g／cm^3，22.59 g／cm^3。

元素週期表與晶體結構

（1）元素週期表

　　元素週期表是將元素依照原子的電子結構排列而成的表格（**圖 1-8**）。目前一般使用長式週期表，橫軸方向為「族」、縱軸方向為「週期」，由左上起，第一個是原子序 1 的氫（H），其右方元素是原子序 2 的氦（He），按原子序順序排列（橫列方向中的元素，其電子組態軌域彼此重合）。

　　從橫軸族來看，鐵族（第 8 族）、鈷族（第 9 族）、鎳族（第 10 族）、銅族（第 11 族）等 4 族，以及從縱軸週期來看的第 5 週期、第 6 週期之間的 8 個元素即為貴金屬，在週期表上位於大約中心的位置。

　　即第 5 週期過渡金屬中原子序 44 的釕、45 的銠、46 的鈀、47 的銀，第 6 週期過渡金屬中原子序 76 的鋨、77 的銥、78 的鉑、79 的金等 8 種元素。週期表中同族元素擁有相似的化學性質。

　　由此排列可知，同為鐵族（第 8 族）的釕、鋨之性質相近，熔點高、易氧化，一旦形成氧化物則熔點降低易蒸發，且晶體結構同為六方最密堆積，為極難加工的元素。而鈷族（第 9 族）的鈷為 2 ～ 4 價元素，2 價與 3 價元素可形成的錯合物極多。銠與銥雖為面心立方結構，但硬度高、耐蝕性佳，即便用王水（將濃鹽酸與濃硝酸以體積比 3：1 混合而成的液體）也無法輕易將其腐蝕。銥的氧化態穩定，化合價可達 6 價，能夠形成的錯合物種類非常多。鈷雖易為酸所腐蝕，但銠、銥的特徵為對酸具有耐蝕性，不會被輕易腐蝕。此族元素硬度高，冷成形困難，故多使用熱成形加工。

　　鎳族（第 10 族）元素最常見的價態為 2 價，此族元素中，鈀比鎳活性更低，而鉑又更低，故其高價數氧化態性質穩定。鉑的價態最多可達 6 價。

　　鈀與鉑的機械性質非常相似，軟度適中，有延展性。

　　此外，銅族（第 11 族）元素的最外層雖只有一個電子，但其價態有 1 ～ 3 價。

圖1-8 元素週期表

族\周期	1 (1A)	2 (2A)	3 (3A)	4 (4A)	5 (5A)	6 (6A)	7 (7A)	8 (8)	9 (8)	10 (8)	11 (1B)	12 (2B)	13 (3B)	14 (4B)	15 (5B)	16 (6B)	17 (7B)	18 (0)
1	1 H 氫	金屬											半金屬半導體	非金屬				2 He 氦
2	3 Li 鋰	4 Be 鈹			貴金屬								5 B 硼	6 C 碳	7 N 氮	8 O 氧	9 F 氟	10 Ne 氖
3	11 Na 鈉	12 Mg 鎂				金屬							13 Al 鋁	14 Si 矽	15 P 磷	16 S 硫	17 Cl 氯	18 Ar 氬
4	19 K 鉀	20 Ca 鈣	21 Sc 鈧	22 Ti 鈦	23 V 釩	24 Cr 鉻	25 Mn 錳	26 Fe 鐵	27 Co 鈷	28 Ni 鎳	29 Cu 銅	30 Zn 鋅	31 Ga 鎵	32 Ge 鍺	33 As 砷	34 Se 硒	35 Br 溴	36 Kr 氪
5	37 Rb 銣	38 Sr 鍶	39 Y 釔	40 Zr 鋯	41 Nb 鈮	42 Mb 鉬	43 Tc 鎝	44 Ru 釕	45 Rh 銠	46 Pd 鈀	47 Ag 銀	48 Cd 鎘	49 In 銦	50 Sn 錫	51 Sb 銻	52 Te 碲	53 I 碘	54 Xe 氙
6	55 Cs 銫	56 Ba 鋇	57~71 鑭系元素	72 Hf 鉿	73 Ta 鉭	74 W 鎢	75 Re 錸	76 Os 鋨	77 Ir 銥	78 Pt 鉑	79 Au 金	80 Hg 汞	81 Tl 鉈	82 Pb 鉛	83 Bi 鉍	84 Po 釙	85 At 砈	86 Rn 氡
7	87 Fr 鍅	88 Ra 鐳	89~103 錒系元素	104 Rf 鑪	105 Db 鈚	106 Sg 鎶	107 Bh 鈹	108 Hs 鏍	109 Mt 䥑	110 Ds 鐽	111 Rg 錀	112 Cn 鎶	113 Nh 鉨	114 Fi 鈇	115 Mc 鏌	116 Lv 鉝	117 Ts 砐	118 Og 氫

鑭系元素	57 La 鑭	58 Ce 鈰	59 Pr 錯	60 Nd 釹	61 Pm 鉕	62 Sm 釤	63 Eu 銪	64 Gd 釓	65 Tb 鋱	66 Dy 鏑	67 Ho 鈥	68 Er 鉺	69 Tm 銩	70 Yb 鐿	71 Lu 鎦
錒系元素	89 Ac 錒	90 Th 釷	91 Sg 鏷	92 U 鈾	93 Np 錼	94 Pu 鈽	95 Am 鋂	96 Cm 鋦	97 Bk 鉳	98 Cf 鉲	99 Es 鑀	100 Fm 鐨	101 Md 鍆	102 No 鍩	103 Lr 鐒

（圖例：元素番号／元素記号／元素名）

　　銀的耐蝕性雖優於銅，但較不耐硫化。金的化學性質安定，不為單質子酸所侵蝕，但會溶於王水。

　　另外，新發現原子序為113、115、117、118等元素，在2016年6月時分別提出了Nihonium（鉨，Nh）、Moscovium（鏌，Mc）、Tennessine（「砐」，Ts）、Oganesson（「氫」，Og）的命名案。

（2）晶體結構

　　幾乎所有金屬都具有規則對稱性的晶體結構。晶體結構的種類有面心立方、體心立方、六方最密堆積等，不同結構其性質亦不同。其中也有如

鐵一般結構本身會變化的金屬。

貴金屬的結晶中，金、銀、鉑、鈀、銠、銥為面心立方堆積，釕、鋨為最密六方堆積。

擁有面心立方堆積構造的金屬一般多為加工性良好的金屬，如金、銀、鉑、鈀等，富延展性，冷成形下即可輕易加工為薄板或細線。而銠、銥雖同為面心立方堆積，但與其他同結構的貴金屬相比熔點極高，無法做冷成形加工，必須加熱至1000℃以上後才能做熱成形加工。

面心立方堆積有12個滑移面，而六方最密堆積的釕、鋨僅3個滑移面且有異向性不易變形，難以進行塑性加工。各個貴金屬的晶體結構模型如**圖1-9**所示。

圖1-9 貴金屬的晶體結構

週期 ⬇	族 ➡	8 （8）	9 （8）	10 （8）	11 （8）
5	原子序 元素名 原子量	44 Ru 釕 101.1	45 Rh 銠 102.9	46 Pd 鈀 106.4	47 Ag 銀 107.9
	晶體結構				
6	原子序 元素名 原子量	76 Os 鋨 190.2	77 Ir 銥 192.2	78 Pt 鉑 195.1	79 Au 金 197.0
	晶體結構				

※六方最密堆積：「釕、鋨」、面心立方堆積：「銠、鈀、銀、銥、鉑、金」

（3）狀態圖

金屬受溫度影響而產生的狀態變化一般分為固體、液體、氣體，稱為「物質的三相」。

舉例來說，水的三相為冰（固體）、水（液體）、水蒸氣（氣體）。水

與水蒸氣達平衡時的「系」只有1個成分，而此時「相」有水與水蒸氣2個相。物質擁有均勻化性與物性時，將此部分稱為「相」；而「系」是指以同一成分衍生出的合金、化合物、混合物等，如有2種成分為二元系，3種成分為三元系。而相同物質成分的「系」，擁有數個不同的「相」，這些相之間達到平衡狀態時稱為「相平衡」。

吉布斯所提出的「相律」中將前述變化歸納為一個法則，可說明一個平衡系統中的平衡在未被破壞前，溫度、壓力等外界因素能夠有多少種變化，其公式如下：

$$F = n - r + 2$$

F：自由度（在平行範圍內可變的因子數量）

n：成分數

r：系統中存在的相數

當金屬從固體開始加溫後會熔解為液體，再繼續加溫則會蒸發。金屬學的基本為找出熔點，熔融狀態下的金屬讓其慢慢自然冷卻，並將時間與溫度的關係做圖為冷卻曲線（圖1-10），即可從中求得熔點。如圖所示，純金屬「A」的T1溫度為熔點，在冷卻曲線中呈水平，並維持固定溫度。

溫度降至熔點時開始產生結晶的「核」，隨時間經過，在固定溫度下「核」持續成長，當結晶化完成後，溫度再次開始下降。圖1-11以銀為例。

圖1-10 純金屬與合金的溫度與時間關係（冷卻曲線）

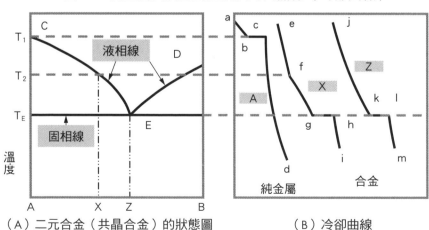

（A）二元合金（共晶合金）的狀態圖　　（B）冷卻曲線

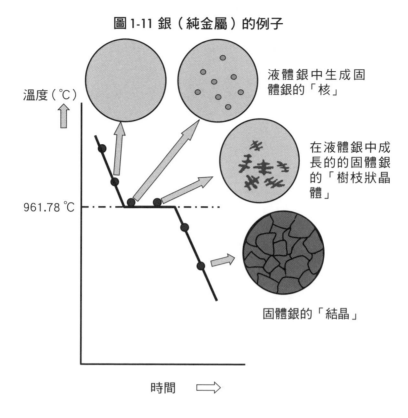

圖 1-11 銀（純金屬）的例子

溫度（℃）

液體銀中生成固體銀的「核」

在液體銀中成長的的固體銀的「樹枝狀晶體」

961.78 ℃

固體銀的「結晶」

時間

　　將純金屬代入吉布斯相律，成分數 n ＝ 1；液體轉變為固體時的相數有 2 個，r ＝ 2，故 F ＝ 1 － 2 ＋ 2 ＝ 1。意即此狀態下如將壓力固定為大氣壓力，此時溫度必為熔點溫度。

　　表示溫度與合金之間的關係圖稱為狀態圖，由於狀態圖也可表示物質與相之間的熱力學關係，故又稱為相圖。

　　合金狀態圖一般以溫度及其組成關係表示。二元系以上的多成分系中，熔解發生於固相線與液相線所圍起來的溫度區域中，此時固相與液相為平衡狀態。前述固相線指的是所有材料皆成為固體的溫度，液相線則是在液體中開始出現固體的溫度。

　　圖 1-10 中「X」點所示的合金中，液相線以上的區域為合金熔融狀態，隨著溫度降低，首先在液相線上生成晶核析出固相，接著進入固相與液相的共存區域後晶核濃度擴散，固相逐漸成長，在固相線上的「TE」溫度點達固定溫度一段時間，待所有材料轉變為固體後溫度繼續下降。

而**圖 1-10**中「Z」點的合金冷卻曲線中，在「TE」溫度時呈水平並於該點凝固成固體。此類型的二元合金稱為共晶合金，可於銀‐銅合金中看到此一現象。

　　此外，如**圖 1-12**所示，二元系狀態圖中的無限固溶體，不論在固相或液相皆能完全互溶，金－銀合金、鉑－鈀合金等即為無限固溶體。

圖 1-12 二元合金（無限固溶體）的狀態圖

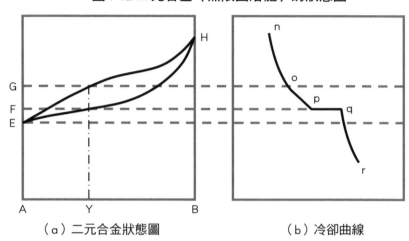

（a）二元合金狀態圖　　　　　　（b）冷卻曲線

第 2 章

貴金屬的
發現與歷史

本章節將介紹自古以來人類便經常使用的金、銀、鉑系元素的
產地及開採方法，以及被應用在哪些方面等貴金屬相關的歷史。
與金、銀相比，鉑系元素問世迄今時日尚短，歐洲發現到鉑的
存在並真正展開相關研究是距今僅約250年前的事情。鉑系元
素中除了鉑以外，目前已確認還有其他5種元素，接下來將介
紹各種鉑系元素從發現到應用於工業中的歷史。

2.1 金的發現與歷史

　　一般認為距今8000年前人類便已開始使用金，目前現存最古老的黃金寶藏是1970年代於今保加利亞黑海沿岸一帶的瓦爾納（Varna，西元前4500 ～ 4000年）出土，總量6kg的黃金加工品。

　　留下世界最古老文明的蘇美人在西元前6000 ～ 5000年左右便已開始使用黃金加工品。古代的歐洲人與中東、近東人為了尋找金礦床而前往歐洲、地中海、埃及、中東及美洲大陸等地，開採出的黃金則進貢給當時身為掌權者的國王及富豪做為武器、珠寶首飾、工藝品及宗教用具等使用。而這意味著西元前4000年時人類便已擁有金的熔解、鑄造，以及精巧的工藝加工技術。

　　據說在埃及，人們會從尼羅河的砂子中淘出砂金等砂積礦床中所蘊藏的天然黃金，並將其熔解、鍛造後使用。距今約4800年前的埃及第4王朝古文獻中有提到關於淘洗砂金的記載。在西元前2300年的遺跡牆壁上，刻有黃金的秤重、提煉、將熔解的黃金倒入模具，以及將金板敲打成形的浮雕。

　　當中最有名的是法老圖坦卡門的陵墓中所發現的金棺，使用超過7.5kg的黃金製成，棺中遺體木乃伊上覆蓋有黃金面具。由此可知，當時已有將貴金屬加氯反應，使金中所含的銀雜質形成氯化銀並將其去除的精煉技術。

　　在中南美發現新礦山前，10 ～ 16世紀的歐洲主要由阿爾卑斯、西伯利亞、西非等地取得黃金，並將其用於支付從東方購買來的辛香料及絲綢等商品費用。亦有紀錄指出西班人曾於墨西哥、玻利維亞、秘魯等地開採金、銀並運送到歐洲。

　　進入19世紀後，開始了黃金開採的輝煌期。在俄羅斯，從烏拉山脈到黑海、地中海的河川中所蘊藏的砂金被大量開採，直到1847年為止占了每年世界產金供給量的3／5。然而1848年美國加州及1851年澳洲陸續掀起淘金熱，使得俄羅斯產金大國的地位拱手讓人。

黃金面具

　　位於帝王谷的圖坦卡門（西元前 1341 ～ 1323 年）陵，由考古學家哈瓦德・卡特於 1922 年 11 月 4 日發現並開挖。

　　目前已知圖坦卡門即位時年僅 9 歲。關於阿蒙神信仰中的復活與帝王之死有諸多揣測討論，為歷史上的一大謎團。圖坦卡門的遺體被安置在厚約 2cm、重約 110kg（243 磅）的黃金棺材中，臉上戴著金箔製的面具。

　　圖坦卡門陵在帝王陵中極為罕見，在長達 3000 年的歷史中不曾遭盜墓過。（實際上雖有部分寶石被拿走，但陪葬品本身安然無事。）

圖坦卡門的黃金面具

　　1886 年，在南非以鑽石發家致富的資本家偶然發現了一塊礫岩，其露頭每 1 公噸礦石中含有高達 30 ～ 60g 的黃金，探勘後發現是一塊巨大礦床，礦脈深埋在地底下。一般礦脈的黃金含量約在每公噸 3 ～ 5g 左右，該礦脈的含金量可謂驚人。

　　1896 年加拿大道森市（Dawson）傳出流言，指北部的育空（Yukon）河支流附近有人發現金礦，道森市因此聚集許多人潮。然而這股淘金熱只持續了短短 3 年，共計開採 75 公噸黃金，道森市的黃金開採產業則於 1966 年落幕。

1848年美國掀起淘金熱

在歷經前述各地的產金史後，如今全球則以中國為首，其他還有澳洲、南非、美國、俄羅斯等許多國家皆有產金。

直到約10幾年前為止的產金量都呈逐年增加的趨勢，但2004年以後產金量開始出現停滯，尤其2008年受次貸風暴影響，產金量大幅減少。然而2009年後產金量再度開始增加。在產金國當中，中國的躍升尤其顯著，在此之前有很長一段時間的最大產金國都是南非，但最近已被中國所取代。其他如澳洲、俄羅斯等亦逐漸崛起。

《續日本紀》中記載，749年時的陸奧，即現今日本東北的宮城縣湧谷町黃金澤的黃金山神社一帶有生產黃金，為日本最早的產金紀錄。而埼玉縣的稻荷山古墳中出土的鐵劍，其製造年代推測約為西元500年左右，當時日本尚未開始產金，鐵劍中卻鑲嵌美麗的天然黃金，推測該技術應是當時從中國大陸及朝鮮半島渡海而來的工匠們傳入日本的。

聖武天皇在建造奈良東大寺的大佛時，因為籌措不到用於裝飾佛像表面鍍金層用的約172kg黃金而大傷腦筋，當時產金的陸奧進貢了黃金，當地的小田郡因此獲得永久免除稅賦的獎賞。

過去，位於日本東北的奧州豪族藤原氏以其蘊量豐富的砂金為後盾，拓展領地並極盡榮華富貴之能事，如今中尊寺內仍依稀可見當年風光。中尊寺經堂中收藏的《一切經》，據聞便是用1.7公噸的黃金和宋朝交換而來的。

金在歷史上總是伴隨著裝飾與權力的誇示。而來到近代後，隨著產業急速發展，擁有良好的耐蝕性與其他優秀特性的金，開始被應用在各種易

鏽金屬的防蝕，及以牙科材料為首的醫療材料等領域中；且因其導電性良好，被廣泛用於電接點、接頭、印刷線路板、打線等各種用途中。最近亦有將金的超微粒子（奈米科技）應用於催化劑或病毒檢測等領域。

⚙ **小知識專欄**

奈良大佛的金裝

　　奈良大佛（東大寺盧舍那佛像）在建造當時，為將銅、錫鑄成合金花了3年，而佛像表面的黃金到全部鍍完為止共花費了10年的歲月。大佛的開眼供養儀式於752年（天平勝寶4年）4月9日舉行，舉行開眼儀式時大佛仍未完成，只有臉部完成鍍金，而最後完成鍍金時已是757年（天平勝寶9年）。

　　當時的鍍金技術是用水銀3：金1的比例使其化合生成汞齊，將其塗在被鍍物表面並加熱至350℃左右使水銀蒸發後留下金鍍層。由於加熱時會產生有毒蒸氣，故作業極為困難，一般認為當時應有不少水銀中毒事件。此外，當時使用的金乃是陸奧（宮城縣湧谷町）國司·百濟王敬福（古朝鮮百濟國滅亡後渡海前往日本的百濟王一族）所進貢的440kg黃金，大佛工期因此不致延宕。據說當時使用的水銀高達2.5公噸。

萬民謹恭迎　皇基永固天下平　悠悠極東境
凜凜黃金映丹心　花開陸奧情

萬葉集 18-4097 大伴宿彌家持

使用172kg黃金打造的奈良大佛

2.2 銀的發現與歷史

　　銀的發現較金、銅來得晚，約西元前4000年時首次發現塊狀的天然銀。西元前3000年左右的美索不達米亞-烏魯克文化、埃及-格爾津文化的出土品中發現了銀製裝飾品。在埃及由於銀的產量比金少，曾有一段時期比金還珍貴。

　　銀以硫化銀的形式存在於礦石中，石器時代時，歐洲與小亞細亞所開採的銀亦為從同時含有硫化鉛及硫化銀的方鉛礦中萃取而成的。

　　據說當時的人會在自己的庭園燒製礦石，或故意放火燒山，將山裡的礦石燒冶後從方鉛礦中提取出銀，這種方法被認為是銀的提煉法之一「灰吹法」的始祖。

　　銀礦業從小亞細亞開始，傳至東方的亞美尼亞、巴克特里亞、西至愛琴海、希臘，西元前500年開山的勞里厄姆（Laurium）礦山，其開採持續至西元1世紀，為希臘的繁榮奠定了根基。

　　西班牙的銀礦山最早由迦太基人開挖，後為羅馬人所繼承。然而在8～15世紀間，由於摩爾人的侵略導致開採中斷。因此直到1520年西班牙人在南美發現銀為止，歐洲一直處於銀供給不足的情況中。

　　當時人類把銀鑄造成貨幣用於交易，而將這種交易手段普及化的則是希臘人。羅馬帝國時期，西班牙將鑄成的銀幣當成貨幣使用，把礦山產的銀幣做為代價送給印度以換取棉花、象牙、翡翠等商品。在西羅馬帝國滅亡後交易隨之中斷，其後雖暫時復甦，但在東羅馬帝國敗給土耳其後，這項交易也跟著走入歷史。印度至今仍保有龐大數量的銀，據說就是在這個時代所留下來的。

　　銀除了用於貨幣之外，據說亦曾用於中世紀歐洲晚餐會中權貴人士所使用的杯皿，以防遭到下毒暗殺。由於當時主要使用的毒物為砷黃鐵礦，其中所含的硫遇銀會產生反應變黑，可藉此判斷容器內的食物是否有毒。

　　時間來到16世紀，從歐洲遠渡重洋而來西班牙人，在中南美的墨西

放火燒山以提取銀

哥、玻利維亞、秘魯等地發現了銀含量極高的礦山，該地因此成為全球銀的一大產地。其後，1859年美國內華達州亦發現巨大的銀礦床，直到1900年為止，美國都是世界最大的產銀國。

　　近年，以中南美的秘魯、墨西哥為首，其他還有中國、澳洲等，世界各地皆有產銀。銀的產量與金不同，由於產業用途多元，故產量亦逐年增加。

　　日本在1526年時發現石見銀山，但當時日本尚無銀的提煉技術，故將銀礦石出口至朝鮮半島，再將提煉純化後的銀進口回日本。

　　石見銀山在當時是品質相當良好的銀礦山，其16至17世紀間的產量約為世界總產量的1／3。當時日本國內的交易行情約為金1：銀5，而在國際間則以銀15的匯率做交易，故當時有大量的銀流出至外國。

　　灰吹法的技術自朝鮮半島傳入之後，不只是銀，連金的產量也隨之增加。當時日本正處於群雄割據的戰國時代，地方豪族武田信玄對金銀礦的探勘投注了大量心力，欲提升甲州流的採礦技術。統一日本的豐臣秀吉將「大判金幣」用於論功行賞時的獎勵，而非做為貨幣使用。在日本統一後，金、銀逐漸成了為取得要職而進貢給有權勢者的財寶，或用於誇耀自身權力與財富。豐臣秀吉、德川家康等當時的掌權者無不汲汲營營於累積龐大的金銀財寶。

　　銀的礦石主要為輝銀礦（Ag_2S）、角銀礦（$AgCl$），以及被稱為銀金礦的金銀合金。過去要從這些礦石中提煉銀，除了灰吹法之外，還有使用水銀來提煉的混汞法。此法是將含金、銀的礦石粉碎後與水銀混合成被稱為汞齊的銀合金，將其裝入棉袋中擠出多餘水銀後加熱使水銀蒸發，即可留下金與銀。

　　江戶時代（17～19世紀）初期，致力於提高金銀產量的大久保長安

41

因精通採礦、交通、治山治水、新田開墾等多元領域技術，而被德川家康任命為石見銀山奉行（官職名）並得知灰吹法，其後兼任佐渡金山奉行，以其知識技術為金銀的增產做出極大貢獻。有紀錄指出當時曾使用 入水銀來提煉銀的混汞法，但實際上日本在採取鎖國政策後失去水銀的獲取管道，混汞法也因而沒落。如今仍有部分國家使用混汞法提煉銀，而那些地方都發生了水銀污染問題。

1886年，英國發明氰化法，將金、銀礦石與氰化物混合後打碎成細粉使其形成氰化金鈣、氰化銀鈣後，將溶液與殘渣過濾分離。將鋅粉倒入濾液中，鋅溶於濾液後形成金、銀沉澱物，這些沉澱物中含有鋅，將其熔解氧化後去鋅，可得純度約96％的的金銀合金。

由於產業蓬勃發展，且銀的特徵為全金屬中有最高的電導率及熱導率，故被大量用於傳導材料中。此外，由於銀化合物的特性為感光後會呈現出非常特別的顏色，因此在戰後復興期大量用於感光底片及感光紙中，曾有一段時間占了銀整體需求量約40％。進入平成年代後，底片用的銀受數位相機普及影響，使用量與以往相比大幅減少。

⚙ 小知識專欄

灰吹法

在熔解的鉛中加入金及銀礦石，金、銀便會輕易與鉛溶為合金。將溶合了金銀的鉛放入灰吹皿（以骨灰、波特蘭水泥、氧化鎂粉等製成的坩堝）中，在大氣中加熱至 $800 \sim 850℃$，鉛會與空氣中的氧反應形成氧化鉛並吸附於灰吹皿上，皿中則留下金銀顆粒。液狀的金屬由於表面張力大，即便放在多孔性材質的灰吹皿中也會保持水滴狀。但熔融狀態的氧化鉛表面張力小，會受毛細現象影響而吸附在灰吹皿上。此外，銅、鐵、鋅等卑金屬雜質氧化並與氧化鉛溶合後所形成的廢棄物又稱為爐渣。

要從皿中殘留的金銀液滴中分離出金與銀，可加入硝酸將銀溶解，或透過電解將其分離。此法如今仍用於金、銀的化學定量分析中，這種分析法與其他常見的儀器分析相比，基本上精準度非常高。

2.3 鉑系元素的發現與歷史

　　人類從何時開始與鉑產生聯結，其明確時期歷史上並無記載。金銀製的「底比斯之盒」，一般認為製於西元前720年左右，其側面裝飾有帶狀的鉑，上面刻著象形文字，真品目前收藏於法國羅浮宮內。此外，古希臘與羅馬時期的文藝作品中亦有關於鉑系元素特性的記載，但目前仍未知其是否真為鉑系元素或是其他白色金屬。現收藏於丹麥哥本哈根國立博物館及哥倫比亞波哥大黃金博物館內的鉑合金首飾（圖2-1），推測是哥倫布發現美洲新大陸（1492年）的數百年前，由厄瓜多艾斯美拉達斯地區的原住民印地安人所鍛造。

圖2-1 哥倫比亞的印地安人所製作的鼻飾

收藏於哥倫比亞‧波哥大黃金博物館的鼻環

　　在發現新大陸後，16世紀中葉西班牙人入侵南美，先後征服哥倫比亞及厄瓜多並開始了黃金的開採。當時一般認為毫無價值的鉑混雜在金礦中，被視為開採黃金時的廢棄物。1735年，在哥倫比亞新格拉納達的平托河中，發現類似銀的白色金屬，原住民們將這種金屬稱為「platina del Pinto（平托河的小銀）」，認為它是還沒成長為金的不成熟金屬。然而每個時代都有奸巧之人，由於這種金屬重量與金相近，當時的奸商將鉑包在金中，用來魚目混珠灌水黃金的重量，甚至留下了為此震怒的西班牙政府因此禁止鉑的開採並放棄礦山這樣的軼聞。

◉ 小知識專欄

印地安人的鉑首飾

　　在美洲大陸被發現的數百年前，厄瓜多及哥倫比亞已有使用鉑合金製作的首飾品，其成分為天然銅－鐵－鉑中，摻雜有少許鋨銥礦（銥鋨礦）的合金（**圖 2-1**）。該飾品中可觀察到鉑粒子與金相互溶合，故可推測應有經過燒結加工。

　　19世紀，厄瓜多自西班牙的殖民統治中獨立後，成功推動厄瓜多獨立的總統加布里埃爾·莫雷諾，為開發本國，在眾多科學家及教師的協助下進行了礦物資源的調查，並在厄瓜多海岸地帶的艾斯美拉達斯地區一個名為拉加托的地方發現了金與鉑的小飾品，研判這些飾品可能原本存在於埋葬原住民的小墳塚中，因河流沖刷而被沖出塚外。將此鉑製小飾品進行分析後，得知成分組成為鉑84.95%，鈀、銠、銥等3種元素合計4.64%，鐵6.94%以及銅1%多。

　　德國科學家忒歐多·沃爾夫在其遊記（1879年發行）中寫道：舊拉加托的印地安人擁有獨自進行冶金的技術，是不遜於印加人的優秀人種。

　　真正讓「Platina（鉑）」這個名字普及開來的是隸屬西班牙海軍的年輕士官，安東尼奧·德·烏略亞。在牛頓所提出的預測中，地球是一個會旋轉的橢圓體，當時的天文學家們為此爭論不休，1735年時為求證牛頓的預測，由巴黎的法國科學院主辦並組成了地球觀測調查隊，年方19歲的烏略亞即為其中一員。

　　1748年烏略亞出版其遠征紀錄，該紀錄被翻譯成多國語言之後送交至英國皇家學會。紀錄中有關於鉑系金屬的記載，為歐洲的鉑相關研究帶來深遠影響。

　　歐洲第一個將鉑的實體帶回家的人是查爾斯·伍德。他在牙買加任職分析技師時，拿到了可能是走私業者帶來的天然鉑。他在自己的實驗室中對其進行實驗後發現不管加熱到多高溫都無法將其熔解，於是與銅混合成

合金後成功熔解。此外，他還發現熔融狀態的金中摻雜著鉑。查爾斯也嘗試過用硝酸溶液將其溶解，但未能成功。他還發現鉑的密度大於金。1941年，查爾斯將這些實驗結果與樣品帶回英國。

查爾斯的友人威廉‧布朗利克將這些樣品及實驗結果連同報告書一起送至另一位友人華生處，1750年底，華生將這些實驗結果報告與烏略亞的遠征紀錄內容一起在皇家學會上發表，據說這便是加速鉑相關研究進展的開端。

為調查鉑是否與金、銀、銅等已知金屬為完全不同的材料，科學家們開始了鉑的溶解、加工方法、及對化學藥品的耐蝕性等各項研究。18世紀後半至19世紀初時，人類已知鉑是一種貴金屬，特性與金相似，但不像金能夠輕易熔解。法國的黃金工藝師馬赫‧艾蒂安‧讓蒂伊將鉑與大量砷混合均勻、仔細加熱後成功煉製出鉑塊，並將其製成坩堝、砂糖壺、咖啡壺等。

讓鉑系元素的研究迎來轉機的是個意外——法國科學院提案打造的國際公尺原器。1790年，法國科學院的基頓‧德‧莫沃向國會提出勸說，指出有必要引進公制單位並製作鉑的公尺原器。欲製作此原器需要大量的鉑，但當時技術尚未找出能夠用於熔解鉑的坩堝耐熱材料，因此無法直接將鉑熔解製備鉑塊。讓蒂伊則透過加砷法製備出約50kg重的鉑塊，並將其分別製成4個公尺原器與公斤原器（**圖2-2**），其中一組原器至今仍收藏於法國國立文獻學院中。

圖2-2 公尺原器與公斤原器（讓蒂伊）

左圖為亨利‧崔斯卡所設計，使用擁有最高剛度的鉑90％－銥10％合金製作的開放式原器，其剖面呈X型。但此原器在抽製加工時有來自模具的污染，因此後來遭廢除。
右圖為公斤原器。

其後國際公制委員會於1869年設立，為期許標準原器具備足以成為
國際基準之正確性，並為提高其純度及防止硬度較低的鉑尖角處磨損，使
用了硬度更高的鉑90％－銥10％合金來製作公斤、公尺原器。1882年，
英國的喬治‧馬太製作了30個X型公尺原器與40個公斤原器，其精煉加
工技術為後世產業帶來巨大貢獻。

18世紀末至19世紀初，人類為將具延展性的鉑投入商業用途而致力
製作，英國的沃拉斯頓與特南特得知只要提高鉑的純度其延展性便會隨之
提升後，兩人便為提高鉑的純度而共投入鉑的化學分析。

沃拉斯頓負責著手研究用王水將鉑溶解後溶液中的成分，特南特則負
責研究殘留在殘渣中的物質。1802年，沃拉斯頓發現在王水溶液中加入
氨後所形成的沉澱物，與特南特正在調查的殘渣物質有所不同，調查後得
出該沉澱物為不同種金屬的結論，並將其命名為「鈀」。

2年後，特南特於1804年時在黑色殘渣中發現了二種金屬，其中一種
為氧化狀態，蒸餾後呈油狀並凝聚為半透明塊狀物，過程中會散發出強烈
味道，故命名為「鋨（譯註：Osmium，源自希臘語osme，指臭味）」；並將另一種金
屬命名為「銥」。此發現於1804年6月發表論文，而「銠」則在發表的3
天後被發現。

鉑的純度獲得提高後，沃拉斯頓等人於1800年初左右，自南美的哥

圖2-3 1810年間的雙管獵槍與鉑燧石

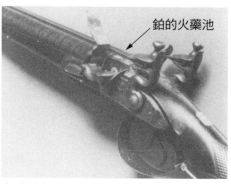

鉑的火藥池

當時鉑在倫敦銷量大增，其中鉑用得最多
的是燧發式手槍與獵槍中的鉑製點火孔及
火藥池，其賣點為擁有高硬度與高熔點。

倫比亞大量購入砂粒狀粗鉑，並將其精煉加工後用於分析用坩堝、燧發式手槍（圖2-3）及獵槍的點火孔及火藥池，以及其他硫酸鍋爐等產業用途。

而歐洲的研究也為俄羅斯帶來影響，1819年烏拉地區的金礦山中發現了白色的沉重金屬，並確認其為鉑系金屬。該金屬於聖彼得堡的研究室中進行分析後得出結論，其組成成分為銥60％、鋨30％、鉑2％，與哥倫比亞的鋨銥礦為同種礦石。當時兼任俄羅斯財政部長及礦業部長的葉戈爾‧弗拉契維奇‧坎克林為促進國民經濟發展欲將這種金屬用於流通貨幣，於是發行了鉑幣。在18年間使用了約15噸的鉑並將其鑄成硬幣，這意味著當時俄羅斯已擁有相應的鉑精煉及加工技術。

卡爾‧卡洛維奇‧克勞斯於1844年時發現，鉑幣鑄造過程中其殘渣所含的天然鉑金屬內尚有一種未被發現的金屬，將其命名為「釕（Ruthenium）」。至此，6種鉑系金屬全部為人類所發現。

令人驚訝的是，當時鉑的產業應用研究蓬勃發展，英國科學家威廉‧革若夫早在1839年便已做出如今蔚為話題的燃料電池原型。此燃料電池使用鉑做為電極，並以稀硫酸為電解質，從氫和氧中獲得電力，並將此電力用於電解水。

後因俄羅斯革命及第一次世界大戰，俄羅斯國內生產的鉑禁止出口而導致市場大亂。由於鉑的市場需求增加，人們開始在世界各地探尋鉑礦山，後於加拿大發現含有鉑系金屬的銅、鎳礦山並開始開採。阿拉斯加亦於1933年發現鉑系金屬。

在俄羅斯，除了烏拉山脈的鉑礦山之外，西伯利亞諾里爾斯克的銅、鎳礦山中亦發現含有鉑系金屬的礦石，並於1940年啟用鉑系金屬的精煉所。

1920年代，因俄羅斯的禁止出口政策導致鉑的供給中斷，當時有傳聞指出有人在南非發現鉑系金屬，約翰尼斯堡的地質學家漢斯‧梅倫斯基在探勘後找到了全球最大的鉑系金屬礦脈。該礦脈以發現者的名字命名為梅倫斯基礦脈。南非該地區至今仍是世界最大的鉑系金屬產地。

目前鉑系金屬的產地與金、銀不同，產地極為有限，多集中於南非及俄羅斯，其他如加拿大、美國、辛巴威等地僅有少許產量。

而關於日本的鉑系金屬開採，1890年代北海道夕張川及雨龍川流域中曾採到摻雜在砂金中的白色沉重金屬。當時日本與南非一樣都把這種金屬

視為廢棄物丟棄，經北海道道廳的地質調查後，確認其為以銥、鋨為主要成分的鋨銥礦。這種銥鋨礦因硬度及熔點過高，當時日本找不到其用途而僅用於出口。後來隨著方便書寫的鋼筆開始流行，除了高級品的黃金鋼筆之外，銥鋨礦亦因其耐蝕耐磨性用於鋼筆筆尖而使需求漸增。

　　日本幾乎不產鉑，但進入大正時代後鉑製裝飾品開始受到日本人喜愛並大量使用。

　　鉑系元素在產業用途方面，可用於製備氯酸鉀等火藥原料時用的電極或鉑銥合金注射針。製造人造纖維時使用的噴絲頭為金鉑合金製成，化學工業中製造硝酸時使用鉑銠合金網做為催化劑。

　　戰後，奠定日本經濟成長基礎的化學工業、電機電子工業蓬勃發展，鉑系金屬的用途亦隨之擴大，包含各種催化劑、熔解光學玻璃用的坩堝、通訊機接點、各種感測器、汽車排氣淨化催化劑、燃料電池的電極催化劑，以及各種醫藥品原料與醫療器具等。

催化作用的發現（靜靜加速燃燒的鉑）

鉑的催化能力是在偶然間被發現的。19世紀初工業革命急速發展，英格蘭北部發生多起悲慘的煤礦爆炸事故，原因為照明用的明火引燃礦坑內的爆炸性氣體。為防止此類事故發生，英國皇家科學研究所的漢弗里‧戴維被委託開發不會引燃爆炸性氣體的安全燈。漢弗里以此為契機開始研究「火燄」，發現被包在鐵絲網內的火燄不會引燃周遭的可燃性氣體，並開發出燈油式的「礦工安全燈」，此即有名的戴維安全燈。

漢弗里在實驗中將煤氣與空氣混合，測出爆炸（可燃）極限會隨溫度上升而增加，並發現到一個現象，偶然發現了氧氣與煤氣的細鉑線即便沒有火燄，鉑線也會發熱並持續燃燒。漢弗里使用其他類似的可燃性混合氣體實驗後，發現鉑線一樣會長時間持續發出白熱，至可燃物用盡時才熄滅。再用一樣的混合氣體，換成各種金屬線試圖重現相同現象，結果只有鉑與鈀成功，而金、銀、銅、鐵、鋅皆未發生相同現象。

「所謂催化劑，概略來講就是在反應前後自身不產生變化，而對其他物質間的化學反應速度產生影響，並催生出新反應的物質。」在戴維發現前述現象的18年後，瑞典科學家貝吉里斯將該反應命名為「催化作用」。隨著催化劑研究發展，我們得知催化反應並不僅限於鉑系金屬，其他金屬與其化合物、蛋白質酵素等也具催化作用，清酒及啤酒等酒精的發酵亦為一種催化反應。

第 **3** 章

從礦石中
提煉貴金屬

存在於地殼中的金屬元素裡面，貴金屬尤其鉑系元素的資源非
常稀少。金、銀產量雖少，但世界各國皆有生產，相較之下僅
有極少數國家有產鉑系元素。其最大產國為南非，次為俄羅斯，
再次為其他數國。每1公噸礦石中含有3～6g鉑，產量僅百萬
分之3～6。本章將介紹這些鉑系元素的選礦及精煉。

3.1 從礦石中提煉金與銀

金、銀的原料為礦石，是石英岩中所含的微粒狀礦脈天然金（山砂、砂金）及其附帶的銀化合物，常見於南非等地的礦山中。

金、銀另一個原料，為主要存在於硫化礦中，以化合物形式與銅、鋅原料的砷化物礦物、銻礦、碲礦等礦石共存。這些化合物在使用電解提煉法精煉時，會產生銅與鉛的泥狀濃縮物。金、銀為採集銅、鉛等卑金屬時的副產物，一般而言銀的含量較高。

各地區、各礦山的金銀礦石中金銀含量及蘊藏量都不同。且依照礦床狀況，選礦及開採方式亦有不同。一般而言每1公噸礦石中只要含有5g的金，開採便能回本。

硫化礦礦床開採後，對礦石進行一次粉碎並以人工方式進行選礦，將無用的脈石分離並去除。如有大量處理需求，有些地方可使用伽馬射線照射，透過中子活性分析進行自動選礦。接下來以球磨機或棒磨機進行二次粉碎，磨成細碎粉狀後透過重力選礦法及浮游選礦法提高濃度。

之後使用混汞法（汞齊法）進行精煉。將金、銀與水銀混合後可形成名為汞齊的合金。將含金銀的礦石粉碎濃縮後與水銀混合成合金，在密閉的蒸餾機中加熱至水銀蒸發後，即可獲得高純度的金與銀。但此法所使用的水銀會造成環境污染且對人體有害，此為一大問題。後來氰化法問世，與前述方法不同，氰化法中將金、銀與低濃度的氰化鈣混合後一起粉碎，使其溶析出金、銀後過濾並精煉。**圖3-1**為其反應式。

此處做氰化劑使用的氰化鈣，只提煉金時濃度為 $0.02 \sim 0.04\%$，如欲將銀一同提煉則濃度為 $0.05 \sim 0.1\%$。將此瀝取液與生成的殘渣透過加壓過濾機分離成固體與液體後，加入鋅粉乳化液（其中一相液體以小液滴狀分散於另一相液體中的非均相液體），使金銀產生置換反應並沉澱，透過濾壓機將沉澱的金銀分離並乾燥。由於此時分離出來的物質中，添加的

圖3-1 氰化法中的金、銀反應

$$4Au + 4Ca（CN）_2 + 2H_2O + O_2 \Rightarrow 2Ca〔Au（CN）_2〕+ 2Ca（OH）_2$$

$$2Ag_2S + 5Ca（CN）_2 + H_2O + O_2 \Rightarrow 2Ca〔Ag（CN）_2〕+ Ca（CNS）_2 + 2Ca（OH）_2$$

$$Ca〔Au（CN）_2〕_2 + Zn \Rightarrow 2Au \downarrow + Ca〔Zn（CN）_4〕$$

$$Ca〔Ag（CN）_2〕_2 + Zn \Rightarrow 2Ag \downarrow + Ca〔Zn（CN）_4〕$$

沈澱劑鋅占約5～40％，故加入蘇打灰（無水碳酸鈉）或石英砂等助熔劑加熱熔解，使鋅氧化後將爐渣去除。此製程中得到的金銀合金稱為青金，純度超過96％，實質反應收率為金約95％，銀80％以上。

　　進一步將青金分離並精煉出金與銀的方法，有加酸溶解的分離法及使用電解的分離法，目前主流多為電解法。電解分銀法中以青金為陽極，將陽極中的銀溶解，使純銀於陰極析出，金與其他雜質則變成泥狀物。在40～50 g／l的硝酸銀溶液中加入10 g／l的游離硝酸做為電解液，此電解浴的電壓1.3～1.5 V，電流密度2～4 A／dm²，可析出99.95～99.98％的純銀。

　　殘留的泥狀物中含金與其他雜質，將其加入熱濃硫酸去除雜質後熔解鑄成金電極，以此金電極做為陽極進行電解。電解條件為在金40～80 g／l溶液中加入30～60 g／l游離鹽酸形成氯金酸溶液，溫度60～70℃、浴電壓1.3V～1.5 V、電流密度3 A／dm²。以此條件電解後可於陰極析出99.97～99.99％純金。

　　其他還有使用活性碳表面吸附瀝取溶液中所含的金，並透過浮游選礦法將金分離回收後進行焙燒的碳化復原（Carbon In Pulp）法，以及使用二甲基型鹼性樹脂的離子交換樹脂來進行精煉。

　　此外，由於金、銀的游離傾向低，在銅、鎳、鉛、鋅的精煉過程中，會與副產物硒、碲等硫化物化合物混合形成電解泥。此泥狀物中含有金

0.2～0.5％、銀10～15％、鉛10～30％、鉍2～20％、硒3～10％、硫2～10％、碲1～2％。將此泥狀物做前期處理，如以瀝取法去除銅，或以浮游法去除硫化物等，處理完畢後以小型反射爐等裝置將其熔解，使硒氧化並蒸發去除後溶解還原為鉛－金－銀合金。

　　將此合金放入旋轉爐中，加入蘇打灰與硝石等一起熔解後，雜質會從鉛開始被空氣氧化並凝聚成爐渣（同灰吹法），可得金銀合金。其後精煉如前所述。

3.2 金的供給與用途

　　金的產地以中國、澳洲、俄羅斯、秘魯、南非等地為首,目前許多國家皆產金,**圖3-2**為產金量前20名的國家。以往全球最大產金國為南非,而最近中國崛起,產金量躍居世界第一。

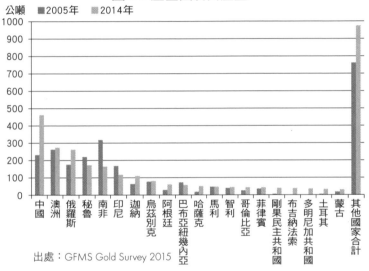

圖 3-2 產金國及其產量

出處:GFMS Gold Survey 2015

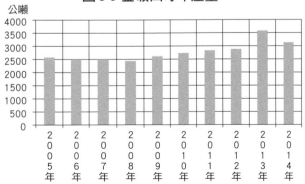

圖 3-3 金礦山每年產量

出處:GFMS Gold Survey 2015

全球產金量於1974年時約為1200公噸左右，隨世界經濟發展逐年增加，如**圖 3-3**所示，於2005年達最高峰2646公噸後減少，2008年來到2409公噸。2009年，由於中國及印尼的產金量大增，且包含俄羅斯、迦納在內，世界各國整體皆增產黃金，產量出現回穩徵兆，來到2572公噸。金之所以會如此增產減產，其背後原因是由於工業用途以外的金，如裝飾品及金幣、投資等用途占了整體需求近90％之故。人們信賴黃金的保值性，因此其價格往往會敏銳反映在每個時代的經濟狀況，導致金價起伏不定。尤其是次貸風暴當年產量來到低點，而後又逐漸回升。

日本雖未能列入前20名產金國中，但九州的菱刈金山（住友金屬礦山）每年產金約7.5公噸，為目前日本唯一的金產地。一般認為該礦山的蘊藏量還有150公噸以上，擁有優質的金礦石。

註：2020年世界產金量國家前三排名為：中國、俄羅斯、澳洲。

3.3　銀的供給與用途

　　銀的產國以中南美為主，且大幅領先其他國家。如**圖3-4**所示，以墨西哥為最大宗，其次為秘魯，接著是中國、澳洲、智利等，在銀產量前20名國家中，中南美就占了6個國家。此處值得一提的是最近銀的產量與金一樣，中國每年持續增加其產量。墨西哥的銀產量在這10年當中增2倍。

　　2014年時銀的用途中，產業用占56％，珠寶首飾及銀幣合計占38％，

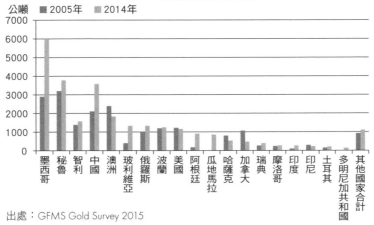

圖3-4 產銀國及其產量

出處：GFMS Gold Survey 2015

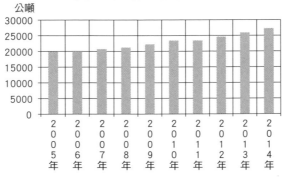

圖3-5 銀礦山每年產量

出處：GFMS Gold Survey 2015

照片用占4％。過去用於照片的銀需求量曾占整體近4成，但近年來受數位化影響，透過電子媒介儲存照片的方式成為主流，導致用於照片感光底片的銀需求量大減。然而與金相比，銀用於產業方面的需求量大，且雖與金同為投機客下手目標，卻不如金容易為市場所操控，故以開採金礦山及鉛、鋅礦山時的副產物為主的銀整體產量有些許增加，配合世界GDP成長有逐年增加的趨勢（**圖3-5**）。

銀所擁有的其中一個優秀特性是能夠反射約98％的可見光（白色光），使用於反射材料中；又因其電導率、熱導率良好，而用於電機電子產業中；或利用其抗菌特性，覆蓋在各種材料表面上以達抗菌效果等，產業用途極廣。

註：2019年世界銀產量國家前三排名為：墨西哥、秘魯、中國。

3.4 從礦石中提煉鉑系元素

　　鉑系元素過去從天然鉑、天然鈀等元素礦物或天然合金中產出。此外亦可從硫化物及砷化物中產出。元素礦物的產出，來自超基性岩中所含礦粒經風化作用後再次聚集，並於河床下游流域堆積形成的鉑砂。此外亦可從摻雜有鉑系元素的鉻鐵礦、橄欖石、磁鐵礦等礦石中產出。

　　位於南非礦山的布什維爾德火成雜岩體中，梅倫斯基礦脈是歷史上首次發現鉑礦石的地方。西布什維爾德的地表中蘊藏著大量鉑系元素的梅倫斯基礦，大部分已被露天開採完畢，故開採主力轉移至UG2礦脈。UG2礦脈與梅倫斯基礦脈相比，其特徵為鉑系元素含量較少，而鈀、釕含量及蘊藏量則較多，其開採現場為依序向地下挖掘，目前有些開採鉑系元素礦石的作業現場，挖掘已深入地底超過1,000m。

　　梅倫斯基礦脈及UG2礦脈中所產出的鉑系元素，存在於布什維爾德火成雜岩體的玻基輝橄岩礦床中，與鉻鐵礦、銅‧鎳硫化物礦物相鄰，開採出來的鉑系元素為濃縮狀態的細顆粒。該地的鉑系元素由鉑50～60%、鈀20～25%及其他成分所構成，每1公噸礦石中約可開採出3.5～6g鉑。

　　將粗礦粉碎後透過重力選礦、浮游選礦，區分出鉑礦及含有鉑系元素的硫化物礦物後採集。鉑礦及含有鉑系元素的礦石以鹽酸或氯液溶解，將溶液中瀝取出的鉑族元素進行過濾分離後，從最易溶析的金屬開始依序將其分離並精煉。首先從銀開始，接著使用溶劑萃取法依序萃取出金、鈀、釕、鉑，並將銥、銠進行分離。

　　從礦石中提取貴金屬的方法，以莊信萬豐集團旗下盧斯登堡精煉公司的製程為例，如圖3-6所示。

圖3-6 萬豐盧斯登堡精煉公司的製程

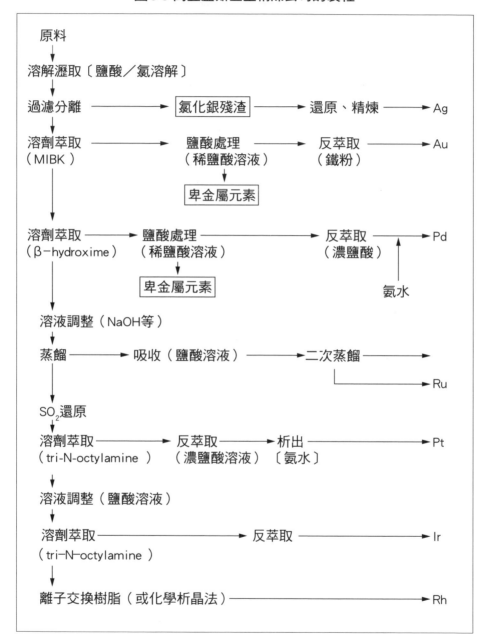

(1) 從鎳、銅的硫化物礦物中提煉鉑系元素

鉑系元素另一個重要來源為鎳、銅硫化物礦物中的副產物。加拿大、俄羅斯、美國的礦山即為此類型，以鎳、銅副產物形式產出鉑系元素。

鎳與銅在溶解精煉過程中會產生硫化金屬混合物，鉑系元素則濃縮其中。將此混合物分離為銅、鎳2相，放入電解槽中電解使其分別於陰極析出後採集，於另一側陽極析出並堆積於底部的泥狀沉澱物中含有濃縮後的鉑系元素。

首先將此含濃縮鉑系元素的泥狀沉澱物以王水溶解後析出金，再從剩下的溶液中依序分別析出鉑、鈀。此階段中會存在一些未能完全提取出的貴金屬，在剩下的溶液中加入鋅使其還原，再加入鉛混合成合金。將此合金透過硝酸分金法提取出鉛後，將此先前已用王水溶解過的含鉑、鈀、金溶液，回到第一步驟，再次以王水溶解後使其依序分別析出金、鉑、鈀，並重複此過程。

此時的殘渣以過氧化物溶解使其氧化後再蒸餾，可提取出釕、鋨。其氧化物熔點沸點極低，鋨氧化物（OsO_4）熔點40.25℃、沸點130℃，釕氧化物（RuO_4）熔點25.4℃、沸點40℃，且兩者熔點、沸點不同。利用其熔點沸點不同的特性，調整氧化蒸餾時的溫度可將兩者分離。接著析出銥後，最後再析出銠，此為鉑系元素的精煉過程。在這類以鎳、銅副產物形式產出的鉑系元素中，生產最多鈀的國家為俄羅斯。其中諾里爾斯克鎳公司的精煉規模龐大，首先依礦石種類於2處濃縮廠中進行選礦後，再於3處冶金廠中進行精煉、卑金屬精煉、鉑系元素殘留物的提煉處理。**圖3-7**為其製程。

圖3-7 俄羅斯西伯利亞的諾里爾斯克鎳公司精煉製程

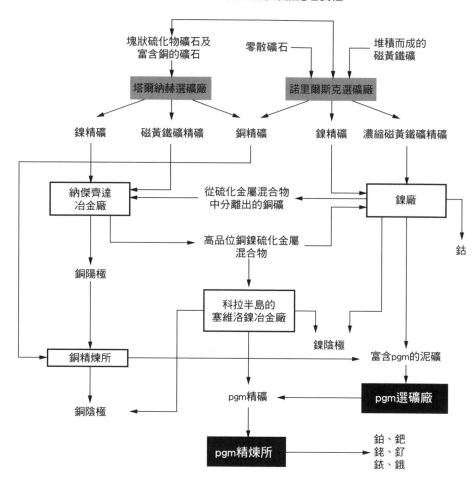

諾里爾斯克鎳公司極地部門的簡易版處理製程

3.5 鉑系元素的供給與用途

鉑系元素與金銀不同,產量及產地皆極為稀少。南非為全球最大的鉑系元素產國,然而近年因罷工導致產量減少(圖3-8)。一般認為地球上的鉑系元素估算蘊藏量約為7萬1000公噸,而其中南非便占了90％以上。

圖3-8 產鉑國及其產量

公噸　■ 2005年　■ 2014年

（縱軸刻度：300, 250, 200, 150, 100, 50, 0）

橫軸：南非　俄羅斯　北美　其他　從汽車催化劑中回收　從首飾中回收　從二手珠寶合計

產國及回收量

出處:GFMS Platinum & palladium Survey 2015

此地區的布什維爾德雜岩體由層狀基性岩及花崗岩類構成。其分布規模東西橫跨480km、南北長達240km,為全球最大規模等級的層狀基性～超基性岩體,鉑系元素蘊藏量豐富,有許多礦業公司在此營業。南非的布什維爾德火成雜岩體中除了梅倫斯基礦脈以外,尚有UG2礦脈、普拉托礦脈,經推估其蘊藏量合計有6萬3000公噸。

繼南非之後,推估蘊藏量第二多的為俄羅斯的諾里爾斯克礦山,約6200公噸。其次依序為美國斯提沃特的900公噸、加拿大薩德伯里的310公噸,及其他國家合計約800公噸。

(1) 鉑的供給與用途

圖3-9為鉑產量變化圖,於2006年達巔峰後逐漸減少。

鉑的主要用途為汽車的排氣淨化催化劑,直到2006年為止每年用量

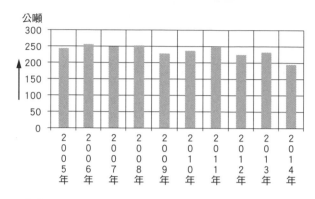

圖 3-9 鉑每年合計供應量

出處：GFMS Platinum&palladium Survey 2015

皆遞增且占整體需求量的近60％，但其後減少至約40％。其他有約35％
鉑用於裝飾品方面。至2006年為止鉑的用量雖整體急遽增加，但2008年
秋發生次貸風暴，以此為契機，在能源問題及環境保護等社會背景下新車
的販賣數量驟降，市場主流由大型車轉為小型車，且混合動力車、電動車
等環保車輛蓬勃發展，汽車及柴油車的市場需求衰退，導致用於排氣淨化
催化劑的鉑用量減少。此外，由於鉑的價格較鈀高，因此汽油車與柴油車
的排氣淨化催化劑皆由鉑轉為使用鈀，進一步造成了鉑需求量減少的結果。

　　而以中國為首的亞洲諸國中，鉑的市場需求卻逆向攀升。原因在於印
度及其他開發中國家中，可推測使用汽、柴油動力的車輛今後將愈益普
及，考慮到環境保護，用於廢氣排放對策的催化劑市場需求將不容小覷。

　　而鉑在裝飾品及產業相關用途的市場需求也反映在次貸風暴上，整體
呈現下滑趨勢，另一方面由於中國民眾的購買意願提高，該地的鉑需求曾
一時間大幅上升，如今則漸趨平緩。

（2）鈀的供給與用途

　　鈀的最大產國為俄羅斯，占整體的33％。其次為南非的23％。此2國
在2009年即占了全球產量的56％以上（圖3-10）。俄羅斯的諾里爾斯克為
鈀的最大產地，此處雖位於冬天極為寒冷的北極圈內，但有諾里爾斯克‧
塔爾納赫（Norilsk-Talnakh）銅鎳礦山，產出1.8％的鎳及3％的銅。經推

估，這裡的粉碎礦石中每1公噸含有10～11g的鉑系元素，含量約為南非的2倍。此礦床為隨火成侵入層形成的大型岩床或雪茄狀礦體，與南非所開採的狹長連續礦脈相比更為寬廣，其礦石品位與成分組成亦非常多元。此礦床中開採的塊狀硫化物礦石為厚1～40公尺的透鏡狀礦床，其中鎳含量最高，鉑系元素含量亦豐富，有些礦石甚至可達每1公噸中含有100g鉑系元素。鈀與鉑平均在每1公噸礦石中含有12～14g。而其比例約為鈀3～4：鉑1。除了前述可產出塊狀硫化物礦石的透鏡狀礦床之外，還有一種圍繞其四周的礦床，這種礦床富含銅，而鎳含量低，與透鏡狀礦床同樣含有鉑、鈀。除前述礦床外，與厚40～50m的侵入型礦床一起形成，可開採到零散礦石的產出層亦分布極廣，據悉其每1公噸礦石中含有5～15g鉑與鈀。

　　俄羅斯在冷戰期的舊蘇聯時代中，將該地的生產狀況列為機密，自由世界國家無從得知其內部狀況，而如今已漸漸公開。

　　鈀的用途中用量最多的是汽車的排氣淨化催化劑，占整體需求的69％。其他電子產業用16％、裝飾用5％，以及牙科用5％。在車用催化劑用途方面，鈀與鉑相同，市場需求大幅降低。

　　這裡值得特別一提的是，在英國導入新制度，在珠寶首飾用鈀打上純度印記後，奠定了歐洲等地男性用婚禮首飾市場中對鈀的需求。

圖 3-10 產鈀國及其產量

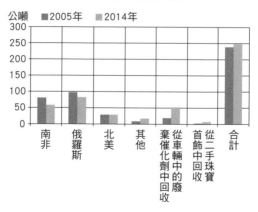

出處：GFMS Platinum & palladium Survey 2015

（3）銠的供給與用途

銠整體產量僅為鉑的 1 ／ 10，產量稀少，產地亦極其有限。全球產量中南非占 86 ％，其次為俄羅斯，此 2 國占了整體產量的大部分（圖3-11）。

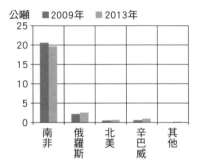

圖3-11 銠礦山產量

出處：Platinum 2013 Johnson Matthey

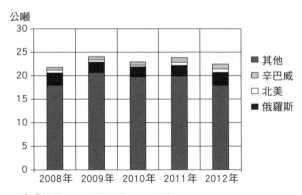

圖3-12 銠每年各國供應量

出處：Platinum 2013 Johnson Matthey

銠有82％用於汽車的排氣淨化催化劑。其他用於與玻璃熔解裝置用的鉑混合成合金材料以提高強度，或用於白色系裝飾品的表面修飾鍍層等，用途非常稀少，此為銠的特徵。

但其實產自礦山的銠，難題為數量稀少，甚至無法穩定供應汽車的排氣淨化催化劑使用。實際上用於汽車催化劑的數量，平均約為鉑80％對銠20％。但其中產自俄羅斯礦的銠僅約11％、南非礦約12％。從這十餘

年間的實際資料中也可發現銠的市場需求大於供應量，而不足的部分則由使用完畢的汽車催化劑中回收的銠來填補。廢棄車輛中的銠回收率在2005年至2009年間，平均約占整體產量的22.5％。

前述回收率據聞於2009年至2014年間增至約30％，且逐年遞增。**圖3-12**為這5年中銠的產國與其產量變化。

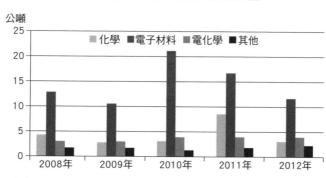

圖3-13 銥每年各用途市場需求量

出處：Platinum 2013 Johnson Matthey

（4）銥的供給與用途

電化學工業中的銥市場需求雖有微幅增加，但由於生產氫氧化鈉的設備已幾乎消失，以及汽車用火星塞等需求停滯，至2009年為止銥整體需求量呈微幅遞減。然而受電子產業中銥坩堝用量劇增影響，2010年、2011年如**圖3-13**所示，電子材料中的銥市場需求大幅增加。

中國過去使用水銀電解槽裝置的電極法製備氫氧化鈉，後因環保考量轉為使用銥與釕做為電極的離子交換膜電解法，故銥的市場需求今後可望增加。

（5）釕的供給與用途

電子產業中，晶片電阻器用的釕受產品本身減產、業界降低庫存量及元件微型化等影響導致需求減少，且薄型電視市場中電漿螢幕已被液晶螢幕取代，導致用於電漿螢幕中的釕用量下跌。

2009年初起，釕開始用於採垂直寫入技術（PMR）的硬碟中，2010年與2011年時如**圖3-14**所示，用於電子材料中濺鍍靶材的需求量大增，但來到2012年後驟降。硬碟的生產量於2010年達到最高峰，而後有逐年減少的傾向。且因釕的供給中有部分來自廢棄材料回收，故新產釕產量變少，僅增加少許。

　　在化學工業用途方面，由於生產設備運轉率低，且很少新設，補充用的催化劑需求量亦隨之減少。電化學中做為電極使用的釕需求量與銥相同，因中國的離子交換膜電解槽技術改良使需求量有微幅成長。

圖3-14 釕每年各用途市場需求量

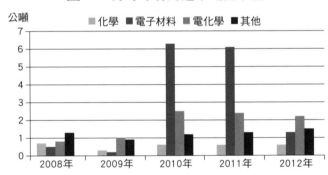

出處：Platinum 2013 Johnson Matthey

第 **4** 章

貴金屬製品範例

本章節中將具體介紹為何必須使用貴金屬，以及如何打造出功能與特性符合需求的貴金屬製品。並舉例說明貴金屬是如何在幕後貢獻一己之力，並成為日常生活中不可或缺的必需品。

4.1 電接點

電接點是結合了電氣條件（電路中的電感、電壓、電流等）與各種機械構造條件（具備開關功能，或持續滑動／靜止不動等）的部位；被用於從大電流／高電壓到微電流／低電壓的電力負載中，用途十分廣泛。在各種用途中，重負載領域裡適合用於阻斷電流或滑動用的電接電材料中，除了需要良好的導電性外，還需具有高熔點、耐高溫、不易熔著等特性，主要使用的材料在鎢、碳化鎢、碳、鉬等元素中加入20～80％的銀後粉末燒結而成（ASTM美國材料與試驗協會認證中制定的規格為B631-93、B662-94、B663-94、B664-90、B667-92）。

貴金屬製的電接點多用於中負載，下至輕負載、微負載領域中（**圖4-1**）。

電接點材料需要具備的基本功能為可持續穩定接觸，以及可確實達成機械構造上的開路閉路。在實際應用上，接點材料必須要能夠承受接觸電阻上升所造成的故障。造成接觸電阻上升的原因，包含在高壓電中產生放電或電弧導致材料熔著、損耗、轉移，或作業環境中的污染、氧化物或硫化物皮膜等。微負載的接點表面雖有以不易變質的金等材質做保護，但有時會與其他材料發生黏著。

另一方面，隨著電機電子產品的小型化，使用的接點材料也需要小體積並具備高信賴性、使用壽命長。因應這些需求，陸續開發出各種接點材料。

（1）銀系接點

銀為所有金屬中電導率及熱導率最高，且價格最便宜，故常單獨或以合金形式大量使用於電接點材料中。但銀的缺點為熔點及再結晶溫度低、機械強度差及化學性質上易硫化。欲改善銀的機械性質，可添加約0.2～0.5％鎳或鎂使內部氧化（由於銀擁有良好的透氧率，在氧氣環境中加熱

圖4-1 主要的貴金屬接點材料（中電流負載以下）

名稱	成分組成（%）	熔點（°C）	硬度（HV）	電導率 IACS（%）	密度（g/cm³）	用途
金系合金	Au-Ag 10 Au-Ag 20 Au-Ag 40 Au-Ag 90 Au-Ag 25-Pt 6	1055 1045 1005 970 1100	30 33 40 29 60	25.4 18.1 15.6 48.0 11.0	17.9 16.6 14.5 11.0 16.1	低電流負載用小型繼電器 開關 整流器
	Au-Pd 40	1460	100	5.2	15.6	通訊用繼電器
	Au-Ni 5	1020	140	12.9	18.3	通訊用開關、繼電器
	Au 70-Pt 5-Ag 10-Cu-Ni Au-Ag 29-Cu 8.5 Au 10-Pt 10-Pd 35-Ag 30-Cu-Zn	955 1014 1019	240 260 270	13.0 13.8 5.5	15.9 14.4 11.9	微型馬達用電刷 集電滑環 可變電阻滑件
鉑系合金	Pt-Ir 10	1780	120	7.0	21.6	微型馬達調速器接點 車用方向燈開關
	Pt-Ir 20	1815	200	5.7	2.2	
鈀系合金	Pd-Cu 15 Pd-Cu 40	1380 1223	100 120	4.6 4.9	11.2 10.4	可變電阻 馬達用電刷
	Pd-Ru 10	1580	180	4.0	12.0	閃爍器用繼電器
	Pd-Ag 30-Cu 30	1066	200	5.0	10.6	馬達用電刷
銀系合金	Ag-Pd 30 Ag-Pd 40 Ag-Pd 50 Ag-Pd 60	1225 1290 1350 1395	60 65 75 80	11.5 8.2 5.7 4.3	10.9 11.1 11.2 11.4	低電流負載用小型繼電器 微型馬達用電刷 開關
	Ag-Cu 10 Ag-Cu 90	778 778	62 60	86 80	10.3 9.1	微型馬達整流器 可變電阻中的滑動開關
	Ag-Cu 6-Cd 2 Ag-Cu 24.5-Ni 0.5	880 810	65 135	43 68	10.4 —	微型馬達整流器 開關
銀系粉末燒結	Ag-Ni 10 Ag-Ni 20	960 960	65 80	91 83	10.3 10.2	繼電器 電磁開關、溫控器
	Ag-石墨 2 Ag-W 65	960 960	30 120	86 52	9.7 14.9	交通號誌用開關、無熔絲斷路器 斷路器、啟動器
銀系內部氧化或粉末燒結	Ag-NiO-MgO Ag-CdO 10～17	960 960	130 65～75	92 82～70	10.5 10.2～9.9	中電流負載用繼電器 開關、可變電阻等 小型斷路器
銀系無鎘內部氧化或粉末燒結	Ag-ZnO 9.5 Ag-SnO₂ 11.7 Ag-SnO₂＋In2O₃ 10.1～14.5 Ag-SnO₂＋Sn₂Bi₂O₇ 12.6	960 960 960 960	95 110 90～ 105 105	76 70 70～75 73	9.75 9.9 9.9～ 10.0 10.0	各種開關 中電流負載用繼電器 小型斷路器

出處：《貴金屬的科學·應用篇》，田中貴金屬工業（股）

可只讓內部易氧化的成分氧化），如此便可不損及其導電性並提高再結晶溫度與強度，並防止放電所導致的材料損耗，常用於開關等接點中。

此外，將銀與 7.5～25％銅混合成合金後不僅可提升硬度及滑動性，亦可降低成本，因此用於微型馬達整流器中。在銀中加入 10～30％鎳做粉末燒結製成的材料，其接觸電阻低且耐損耗，用於繼電器及開關用接點。改良了滑動性與熔著性的銀－石墨系燒結材料，則用於信賴性需求高的交通號誌燈接點。

為彌補銀的熔點及再結晶溫度低所導致的缺點，過去曾使用摻雜 8～17％鎘後使內部氧化，或使用粉末燒結而成的材料，以抵抗電弧放電等現象造成的材料轉移、熔著、損耗。但由於鎘對人體有害而逐漸被汰換為無鎘材料，目前使用的材料則在錫、銦、鋅等金屬氧化物或前述材質所組成的材料中添加適量鎳、鉍等金屬氧化物後，將其微粒分散形成組織均勻的材料，可用於中電流負載以下的電磁開關（**圖 4-2**）、繼電器（**圖 4-3**）及各種開關。鉚釘型接點外觀如**圖 4-4**所示，**圖 4-5**為與其他材質複合（clad）的鉚釘接點。其中銀－氧化錫－氧化銦-α（微量的其他氧化物）材質，透過在銀中均勻分布氧化物微粒子，取得組織極為細緻的材料。

圖 4-2 電磁開關　　　　　　**圖 4-3 繼電器**

圖 4-4 鉚釘型接點　　　　**圖 4-5 鉚釘型接點的剖面**

將銀與原子百分比50％以上的金及鈀混合成合金，可有效改善銀易硫化的缺點。小型繼電器為延長使用壽命，考量到防止表面硫化、初期接觸穩定性、防止材料損耗等因素，會在接點表面複合一層大氣中不易氧化且接觸穩定性良好的金或金－銀10％合金薄材，內部為1層或多層堆疊的銀－氧化物系材料、銀－鈀30～50％合金，以防止材料損耗或轉移。

（2）金系接點

　　隨著最近電子機器的小型化，低負載微電流領域中使用的電接點不僅需要極小極薄，還必須具備高信賴性與使用壽命。金系接點正是一例。金系接點與銀相比雖較為昂貴，但不像銀會硫化、不易氧化且電力負載低，在對接觸信賴性需求高的小型繼電器、接頭、可變電阻等裝置中，使用鍍膜、濺鍍、複合等方式在表面上成膜。

　　然而在不同作業環境中，即便空氣中僅含有數ppm的氮氧化物及二氧化硫、硫化氫等物質，也可能讓接點生成硫酸銨使接觸電阻上升並導致故障。若金純度高時，可能會與其他材料發生黏著導致無法形成開路而故障。此問題透過將金與適量的銀、鉑、鈀、鎳等金屬混合成合金並調整其比例即可解決。

　　鍍金層中添加微量鈷及鎳，可保持其接觸穩定性及潤滑性，並防止黏著，用於各種提高機械強度的通訊機用繼電器及接頭等零件中。

（3）鉑系接點

　　鉑系元素熔點高且耐腐蝕，是非常優秀的接點材料，不僅能在宇宙、航空、車輛、船舶、電車等重視安全性且嚴酷的使用環境中發揮原本的接點功能，亦適用於特殊的工作條件下，例如材料必須大範圍耐溫，或必須承受高速移動時所產生的震動。

　　鉑與鈀在使用上，會與銥、釕、鎳等金屬混合成合金材料，以增強機械性質，使其耐熔著、耐消耗且不易發生材料轉移。例如汽車方向燈中的接點，必須能承受因燈號不停閃爍而極易發生的材料熔著、損耗。將鈀與釕混合成合金後可獲得高熔點、高硬度，且成為接觸穩定性良好的材料。

鉑系元素材料用於滑動接點中會導致磨損及發生異音。在一定濕度且空氣中含有機氣體的工作環境中，鉑系元素會因催化作用而生成黑色或褐色聚合物，並造成接觸故障。

　　實際應用中有純鈀、鈀－釕10％合金、鈀－銅15 ～ 40％合金、鉑－銥10 ～ 20％合金等材料，用於汽車方向燈、可變電阻用電刷、微型馬達用電刷等接點中。

　　電路板內的低電流小型繼電器接點、微型馬達用電刷，及小型開關接點（圖4-6）中使用鈀－銀40 ～ 70％合金。

圖4-6 鈀系接點範例

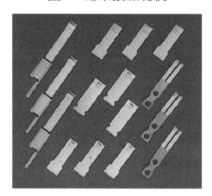

(4)　電接點應用範例

①微型馬達用接點

　　每台汽車中配備有數十個微型馬達，電腦、家電產品以及各種機械的電動元件中亦大量使用微型馬達。

　　在垂直於磁鐵N極往S極的磁場方向中將銅線繞成線圈，線圈通電後會產生機械力，微型馬達的構造即利用此原理（圖4-7）。

　　微型馬達最重要的是能夠在固定轉速下維持固定且均一的輸出，因此各部元件皆使用嚴格挑選的材料精密製造。而當中工作環境最為嚴酷的元件為整流器與電刷（圖4-8）。整流器分為3條電路接在旋轉的轉子上，透過瞬間ON／OFF功能，控制流經線圈的電流保持固定，以維持精密高速旋轉。且由於須長時間運轉，因此必須保證供應電流用的刷子狀接觸部分能夠持續保持穩定接觸。

一般馬達中使用的電刷主要以機械滑動性良好的碳為材料，整流器則配合導電良好的銅一起使用，高性能微型馬達中則使用貴金屬。

微型馬達中的電刷做為接觸部分必須具有彈性，使用以貴金屬合金及非鐵金屬彈彈性材質組合而成的複合材料。過去線圈彈簧的前端曾使用金－鉑－鈀－銀合金（SP-1）、金－銀－銅合金（625R）等以點焊（電阻焊）製成，但為降低生產成本並提高產能，改以複合材料衝壓成形大量生產。

另外，過去整流器材質中曾經使用在銅合金，裡面添加機械滑動性良好的銀及電弧特性（耐損耗性）良好的鎘，但因鎘有毒而被淘汰。目前整流器以銅合金為底材，接觸部分材料以銀－銅4%－鎳0.5%合金複合，經壓延加工後衝壓成形。

電刷部分，則以銀－鈀30%合金、銀－鈀50%合金、銀－鈀－銅合金、SP-1，及前述合金堆積數層而成的材料做成貴金屬接點，與彈性材質的銅－鈹合金（JISC 1720：銅－鈹1.9%－鈷0.3%）做部分複合並壓延加工成原料捲後，與整流器一樣做衝壓成形。

昭和戰後重建期，音響等設備開始大量使用微型馬達的轉速控制，當時使用機械控制方式調整轉速，被稱為調速器。此調速器接點過去使用貴金屬中的鈀－釕10%合金及鉑－銥10%合金製成，如今則因汰換為電子控制而不再使用接點。

圖 4-7 微型馬達示意圖

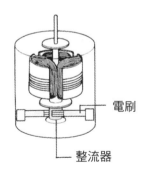

電刷

整流器

圖 4-8 整流器與電刷

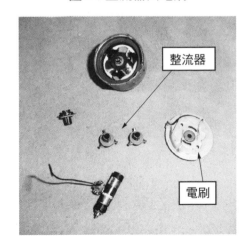

整流器

電刷

②繼電器接點

開關的作用為阻斷或連通電子電路中的電路，即日常生活中經常使用打開或關閉開關（ON／OFF）的動作，在繼電器中加入開關來控制電流，可用於各種機器中。電流流經線圈後會產生磁場並成為所謂的電磁鐵，繼電器的原理中即利用此性質。由於磁鐵會與鐵板等磁性材料相互吸引，因此在開關內裝入鐵板，透過控制開關處接點電流的有無，即可使開關打開或關閉。以前的有線通訊中，訊號電流流經電線時會因電線本身電阻導致電流變弱，因此發明繼電器來做為訊號電流的中繼站，此為繼電器（英文relay指接力、中繼等）的名稱由來。繼電器的優點是只要將獨立電路與系統連動後，即可透過數伏特的低電壓電路來控制100伏特或240伏特等交流電路的ON／OFF。

繼電器依據構造可分為：常開型（通電後接點閉合。註：台灣又稱A型接點）、常閉型（通電後接點斷開。又稱B型接點）、切換型（通電後可在複數接點中進行切換。又稱C型接點）、棘輪型（每次通電可切換接點ON／OFF）。利用這些功能發送或接收電訊號，可用於控制各種機器。

過去電接點曾用於電話機房中並發揮莫大功能，但隨著半導體應用以及光纖通訊的普及等變遷，通訊機用的電接點已愈來愈少見。另一方面，小型化後的繼電器可安裝於線路板中，用途亦愈來愈廣，從自動販賣機、柏青哥機台到汽車及家電產品等，日常生活中隨處皆可見其身影。

小型繼電器的接點以銅－鎳合金等材料為底材，並與1層至數層以金及金－銀合金為主的材料複合而成（圖4-9）。以銀為主的合金容易硫化，故接點表層材料以金為主。小型化的繼電器運作時必須能夠敏感地偵測微弱電流及低接觸壓力，故其接點需要使用化學性質穩定的材料，即便曝露在各種工作環境中仍能保持長時間穩定運作。除此之外，還有為減少材料用量而於表層部分使用濕式或乾式的鍍膜包覆表面的方法（圖4-9右）。

此接點如圖4-10所示，與彈性材質特定部分接合後，再配合線圈等其他部件，即可製造出透過電磁力控制開關的繼電器。

圖4-9 接點構造

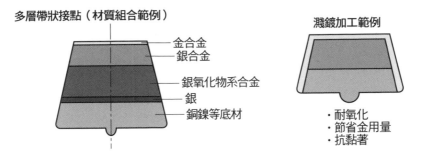

多層帶狀接點（材質組合範例）

金合金
銀合金
銀氧化物系合金
銀
銅鎳等底材

濺鍍加工範例

・耐氧化
・節省金用量
・抗黏著

圖4-10 彈性材質與接點的接合

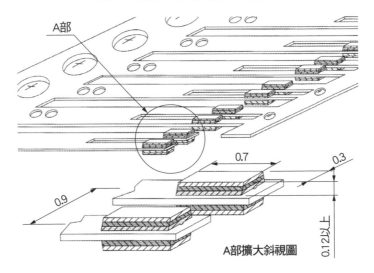

A部

0.7

0.3

0.9

0.12以上

A部擴大斜視圖

③多線式電刷用接點

　　此類型的滑動接點由於可保證其接觸信賴性，故多用於各種感測器中，例如汽車的節氣門位置感測器。此處的節氣門即油門，透過電線連接到油門踏板，負責控制進入汽油引擎內的空氣量。

　　其英文為throttle即源自throat（喉嚨），因其運作有如喉嚨吸入空氣般而得名。節氣門的作用為依據汽油量決定吸入的空氣量，並調整閥門開放程度來控制空燃比（空氣與燃料的比例）。而欲調整閥門開放程度，必須透過感測器感應閥門目前位置，此感測器中即用到接點材料。

其接點構造，有將多條直徑數十μm的極細線材排列在彈性材質上後焊成可多點接觸的線接點（圖4-11上），以及在彈性材質接觸部位上將前述極細線材做複合加工而成的板接點。在電路板中則使用前述接點對接，能以高信賴性精準讀取電訊號（圖4-11下）。這些接點材料本身亦被賦予了彈簧功能，主要使用鉑－金－銀－鈀等多元合金製成，在汽車中除了用於節氣門感測器外，亦廣泛用於踏板感測器、車高感測器、排氣再循環系統感測器等裝置中。

在汽車以外的用途，可用於音響設備及溫度調節器中可任意調節其電阻值的旋鈕（可變電阻），以及安裝於機器內部用於微調的半固定可變電阻（微調電容器）。此類型的多線式電刷中，有些使用數十條鉑－金－銀－鈀合金線與彈性材質前端處接合而成，以提高其接觸穩定性。

圖4-11 多線式電刷接點

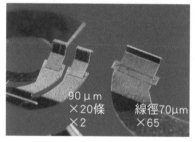

90μm
×20條
×2
線徑70μm
×65

應用範例

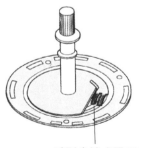

爪型多線式電刷

④接頭

　　接頭指的是在線路板、電線電纜等電子電路中，將配線做為機械或電力連接的部件，為了能夠發送接收複數訊號，一般做成有數個至數十個端子且易插拔的靜止接點。

　　接頭為電機電子機器組成中不可或缺的部件，例如電腦用的USB電纜及音響設備中使用的針腳插頭等連接電子機器的界面，在日常生活中扛起使訊號能夠維持穩定傳送的重責大任。現在也有如超薄型軟性印刷電路（FPC：Flexible Printed Circuits）般柔軟可彎曲的接頭，用途廣泛。

　　接頭選用的材質必須能使所有端子皆能穩定接觸，且能承受頻繁插拔導致的磨損及疲勞劣化。端子的組成，一個是用於傳遞電訊號的金屬觸針，另一個是為了讓觸針之間彼此絕緣而使用的高分子聚合物絕緣體。觸針主要使用的材料為以高電導率的銅為基材和磷青銅或鈹－銅合金等混合成彈性合金，將此合金與金複合，或與鈀複合製成。前述材料長時間與空氣接觸後，會氧化形成絕緣氧化皮膜並包覆表面，造成電流不易流通導致訊號無法傳遞。為防止觸針氧化並確保其接觸穩定性，材料表面會使用金等貴金屬做鍍膜或複合等加工處理（圖4-12）。

　　由於金硬度較低，使用中極可能造成磨損，在金中添加微量鈷及鎳可製成硬金（hard gold），鍍膜加工中使用此硬質鍍膜可有效防止磨損。

　　此外，使用頻率高且磨損劇烈時，可以使用較厚的貴金屬製成複合材料確保長期穩定的信賴性。

圖4-12 接頭針腳前端的金鍍膜

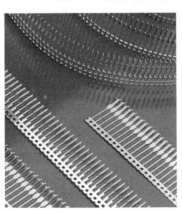
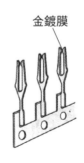

金鍍膜

4.2 電子材料

（1）金打線

打線指的是IC晶片（半導體元件）中，連接鋁電極與導線架電極間電路的金屬細線，也就是負責將半導體元件功能連接至外界的導線。其連接如圖4-13所示。

圖4-13 金線的連接示意圖

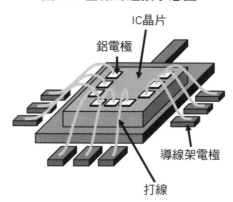

此導線除了金線以外亦使用鋁線、銅線等。

銀與銅的電導率比金還高，但何以至今仍多使用昂貴的金線做打線，其理由如下：金的耐蝕性良好不易變色、容易加工為極細線、熔融後形成的球體真球度高、且接合性良好。

銀的電導率雖然比金好，但易硫化、會發生電遷移、信賴性低，故過去不使用銀做為打線。而銅雖同樣具備良好的電導率，卻有易氧化且不耐蝕的問題。但最近經過重新評估後，打線開始大量使用銀及銅。其理由為材料費用較金便宜，整體而言成本僅為金的約1／3，且銀的電阻率1.8$\mu\Omega$・cm比金的2.3$\mu\Omega$・cm還低，機械性質亦幾乎與金相同。

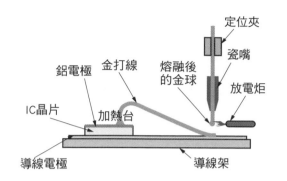

圖 4-14 打線機構造

定位夾
瓷嘴
鋁電極　金打線　熔融後　放電炬
　　　　　　的金球
IC晶片　加熱台
導線電極　　　導線架

圖 4-15 金線熔融
後的形狀

　　最重要的是在高溫下的信賴性測試中，與鋁電極間形成金屬互化物的速度慢。也就是金屬互化物中，銅／鋁（Cu ／ Al）的相互擴散速度比金／鋁（Au ／ Al）慢，故接合界面的電阻上升亦較少。

　　打線的製程使用名為打線機的裝置進行。

　　此裝置速度非常快，有些甚至每秒可連接20個焊點。如圖4-14所示，從捲線軸中送出的金線被定位夾固定，並穿入一定長度於瓷嘴中，透過電弧放電使線的尖端熔融成球狀（圖4-15）後快速移至接合位置，並透過熱壓焊接或超音波接合將其連接。由於透過電弧放電將線的尖端熔融成真球體時不會生成析出物及氧化物，故使用超音波或熱壓焊接時能夠得到良好的接合度。打線必須具備以下機械特性：破壞鋁電極上生成的氧化物皮膜並完成接合後，將打線拉斷時須擁有精準的拉斷高度，且在接合位置上將線拉高時能夠在適當高度形成線弧。除此之外，打線還必須擁有足夠的機械強度，能夠抵抗在高速且複雜的拉反向動作所產生的壓力，以及在樹脂封裝中能夠不因樹脂流動而導致變形或斷裂。

　　ASTM（F72-95）規格中規定了3種純度在4N（99.99％）以上的金線規格，以及1種以金與其他成分組成的無規範的特別規格。

　　因此如欲加工打線，為使其擁有打線所需具備的機械特性，必須加入微量添加物，再加上一些無法避免的雜質，成品純度必須保持在99.99％，因此至少必須使用5N（99.999％）以上經過精煉的原料。添加微量元素所能提升的機械強度有其極限，如欲進一步加強其特性，可透過熔解、鑄

圖 4-16 打線應用範例

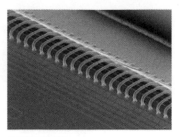 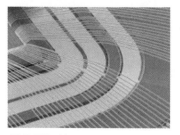

短線弧打線　　　　　　　　　長線弧打線

造、抽線、熱處理及各種工法中的加工排程來控制晶粒大小等，以獲得打線材所需的機械特性。

如**圖4-16**所示，依照與半導體元件之間的不同接觸距離，打線分為短線弧及長線弧，透過加工以獲得各種打線所需的功能及特性。

金打線在使用上不能產生彎曲，且需要能維持固定的線弧高度，故其機械特性極為重要，如**圖4-14**所示，與晶片接合後對金線施加拉伸負載使其斷裂，並透過放電炬將金線尖端熔融以準備進入下一輪接合，此時熔融的金球必須能夠形成均勻球狀（**圖4-15**）。為使金能夠熔融成均勻球狀，須對材料進行修飾加工。

（2）濺鍍靶材

濺鍍靶材指的是使用濺鍍成膜時的原材料。將腔體抽真空後通入氬氣（Ar），在靶材與位於靶材對向的基板之間施加電壓後，氬會被離子化並高速撞擊靶材，將靶材中的材料撞擊出來，此為濺鍍現象。被撞擊出來的粒子會衝往對向基板並附著、沉積、逐漸成膜（**圖4-17**）。此法為乾式鍍膜法（參照5-11（2）乾式鍍膜）其中一種，特徵是如鍍膜對象的基板為玻璃、樹脂、陶瓷等物質時，無需將其加溫或浸泡在液體中亦可成膜。並且靶材材質可任意選定，使用不同種類的靶材，可形成各種材質的層狀鍍膜。透過在腔體中通入反應性氣體進行濺鍍，可獲得氧化鋅等薄膜，此為反應性濺鍍。

濺鍍法廣泛應用於半導體、液晶、電漿螢幕、光碟、磁碟、矽薄膜太

圖 4-17 濺鍍概念圖

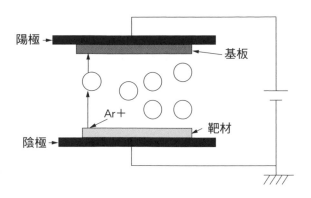

陽極 →

基板

Ar＋

靶材

陰極 →

陽能電池等領域中。

　　靶材材料有金、銀、鉑、鈀、銠、銥、釕，以及前述金屬的合金，一般為數mm厚的板狀材質，有些會另外接合背板（**圖4-18**），有些則無，亦有圓形或方形等形狀的平板型靶材，由於每家濺鍍機廠商設計不同，故靶材設計亦因廠商或機器而有所不同。平板型靶材在濺鍍時只用到平面部分，材料使用率約30％，因此如果使用昂貴的貴金屬材料做靶材，將造成巨大的成本負擔。旋轉圓筒型靶材透過讓圓筒狀的靶材旋轉，使濺鍍面跟著移動，可將材料使用率提高至約80％，此為其一大特徵（**圖4-19**）。

　　貴金屬薄膜在電子材料領域中，用於液晶、CD、DVD的反射層與穿透層，以及LED、電子裝置等的電極，或用於磁記錄媒體等各種領域。在

圖 4-18 靶材材料示例

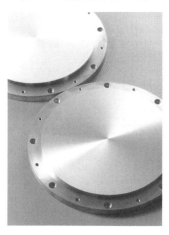

圖 4-19 圓筒型銀靶材

外徑 160× 厚 20× 長 2700mm

其他較難以想像的地方，有用於裝飾的金絲、銀絲，在食品相關包裝中使用的鉑箔，亦用於裝飾在食品點綴外表。

　　尤其是在個人電腦的硬碟中形成記錄層的成分鈷－鉻中添加了鉑，其鉑－鈷－鉻在膜的組成中扮演重要角色，為垂直磁性的異向性帶來了巨大的效果。此技術持續引領IT世界迎來創新，接下來說明這項成膜技術中最具代表性的成果。以鋁或玻璃製成表面極為光滑的基板，並鍍上以鈷等高磁性材料為主成分的合金薄膜，此合金磁性薄膜用於資料儲存。此磁層組成如圖4-20所示。在合金成分中添加鉑可將磁區微化，使記憶容量增加，同時擁有良好的熱穩定性。而中間的非磁層則使用釕。硬碟的儲存容量取決於施加於磁層中的磁場強度。因此在磁層中添加愈多鉑，其磁特性就愈強，愈能提高資料儲存密度。

　　實際上1990年代中期的硬碟容量僅250MB左右，如今已來到TB。過去沒有人能夠想像到鉑能夠在這種地方發揮作用，然而現在鉑已成為硬碟中不可或缺的存在。

圖4-20 磁記錄層的構造

保護潤滑層 DLC（類鑽碳）
垂直磁層 Pt-Co系合金
非磁中間層 Ru
軟磁層 Fe-Co系合金
基板 玻璃、Al

（3）膏材

　　貴金屬膏材目前被廣泛用於以電子工業用途為主的各大領域中，適合用於形成微小精密且複雜的電路中的導電材料。在陶瓷等基板材料中印刷上電路後放進爐中燒製，即可完美形成正確精密的電路圖。

　　膏材是將貴金屬粉末或有機金屬化合物等材料，與玻璃熔料及金屬氧化物等粉碎後製成的結合劑，與樹脂等接著劑或黏合材料以及溶劑載體混練後，使其均勻分散並擁有一定粒度的膏狀材料。膏材能夠在陶瓷等耐熱機械或材料上依不同用途及目的形成各種尺寸與形狀。膏材的用途有塗布在各種非導體基板材料上燒製成電子零件，利用其導電性質與電阻器來形

成設備中的電路功能；或利用導電接著劑功能，透過塗布硬化加工用於電子機器零件的組裝及封裝中。

圖 4-21 中列出膏材用途與材料種類。圖 4-22 為膏材原料中使用的貴金屬粉末示例，依材質種類及製造方法不同，有各種粒度及形狀，可依不同用途做選擇。

貴金屬材料中除了鋨以外，其他的金、銀、鉑、銠、鈀、銥、釕皆可單獨或彼此複合 2 至 3 種用於膏材材料中。複合方法為加入適量粉末並使其混合分散，亦可使用於粉末製造過程中透過共沉澱法製備成偽合金。在銀與鎳這種同為金屬卻無法形成合金的材料中，或欲將銀與碳這種金屬與非金屬材料做結合時，可適用前述微量添加物的複合方法。

厚膜混合積體電路及電阻器中所使用的導電材料以銀／鈀為主，亦有使用銀／鉑。

圖 4-21 膏材的用途與材料種類

用途	導電材料 介電材料	電阻材料 導電膏	介電材料
混合積體電路 • 氧化鋁基板 • 氮化鋁基板	銀／鈀 銀／鉑 銀 銅 金	釕氧化物 銀／鈀	交叉用 多層印刷用 N2 燒成用 保護層用 玻璃膏
電阻器	銀 銀／鈀	釕氧化物 銀／鈀	保護層用 玻璃膏
各種感測器	鉑 金	鉑／鈀 釕氧化物	保護層用 玻璃膏
積層陶瓷裝置 LTCC	銀 銀／鉑 銀／鈀 金	釕氧化物 銀／鈀	保護層用 玻璃膏
鉭電容	塗層用銀 碳 銀接著劑	—	—
厚膜熱感式印表機 印字頭	金 金／MOD	釕氧化物	保護層用 玻璃膏
面板顯示器	銀 金 MOD／金	—	—
加熱器	銀／鈀	銀／鈀	保護層用 玻璃膏

圖4-22 貴金屬粉末

金粉末

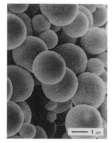
銀粉末

鉑粉末

鈀粉末

　　銀／鈀燒製成合金後可製成無限固溶體，而在銀／鉑中，鉑對銀的固溶度極限較低，含量僅0.5～5%，與含10～30%鈀的銀／鈀相比價格上較為有利，故與銀或銅一起用於民生用或車用晶片中。而銀／鈀中也為了削減成本將鈀做減量。

　　厚膜材料的用途，在車用零件中有ECU及ABS等系統控制線路、含氧（O_2）感測器、座椅感測器、致動器、油量錶、音響、通訊機電子零件、安全氣囊感測器等。

　　在手機中則可用於表面聲波濾波器、晶片天線、天線開關、前端部件、功率放大器、晶片電感、晶片電阻器、晶片電容等多種零組件中。

　　在宇宙航空用、軍需品用、醫療用等領域中，材料需擁有極高信賴性，故使用金膏；其他產業如電腦用、宇宙通訊用等，則使用金／鈀、金／鉑、銀／鈀等膏材。

　　電阻材料則使用釕氧化物、釕氧化物／鉍氧化物、銀／鈀。積層陶瓷電容中的內部電極使用鉑、鈀、銀／鈀、銀／鉑；外部電極則使用銀。高

溫燒成用的銀膏及低溫硬化型銀膏中使用銀；導電接著劑材料中使用銀、金、銀／鈀、銀／鉑；感測器中則使用鉑、金、金／釕、金／鈀。

如前所述，貴金屬膏材依不同使用目的，在導體、電阻器、絕緣體、導電接著劑等領域中各有適合的使用方法。

電阻器使用的材料中，氧化釕膏的效果非常好。氧化釕（RoO_2）為穩定的氧化物，其電阻率$3.5 \times 10^{-5}\Omega \cdot cm$，比氧化鈀（PdO）的$1\Omega \cdot cm$要低，其電阻溫度係數（TCR）亦較小，可製成從低阻抗至高阻抗兼備的系列電阻器，應用極廣。

電容器中的積層陶瓷，為在燒製前的半乾基板上，以膏材印上內部電極部分並經乾燥燒製後製成。

高溫燒製用的銀膏適合用於300℃以上的燒製，自古便用於電容、熱敏電阻、壓敏電阻等電路元件的電極，或用於玻璃基板中形成導電電路的材料。例如玻璃基板中，有真空螢光顯示器及電漿螢幕、烹調用加熱爐；車用零件中，有防霧系統電路、調頻天線電路等，以400℃～650℃燒製而成。

低溫硬化型銀膏是於300℃以下硬化的膏材，由銀粉及樹脂劑組成，可形成導電皮膜。在未經燒製加工的情況下，為提高其導電度而使用碎片狀的銀粉做為材料。

導電接著劑則用於組件與組件、組件與主被動元件間的直接黏合。

感測器用膏材即利用金屬氧化物的催化劑作用及其耐濕、耐熱、導電等性質，以膏材製成薄膜後，應用於鉑測溫電阻器、厚膜熱電偶、風速感測器、風量感測器等裝置中。

此外還有一種有機金屬膏材（MOD膏），原為古代就有的技術，用於陶瓷繪畫或在裝飾品上以金或鉑作畫或書寫，MOD膏即以此技術為基礎開發而成用於電子工業中。將貴金屬成分與有機成分化合後以有機溶劑溶解，為使其擁有一定黏度及均一的燒製膜，添加樹脂製成MOD膏。此類膏材可製得$1\mu m$以下緻密且均一的皮膜，因此在寬$20 \sim 30\mu m$的微型配線，或熱感式印表機印字頭等裝置的電極及電阻材料中，皆使用金與氧化釕的有機金屬（MOD）膏。

（4）印刷線路板

印刷線路板在剛開始使用時為提高其信賴性，配線材料幾乎皆使用金，當時金鍍膜主要用於環氧樹脂基板的端子處、黏晶處，以及接頭針腳的連接處等。但最近印刷線路板愈來愈多樣化，除了有軟性線路板、陶瓷線路板之外，電子元件的微型化與3D堆疊技術發展使所占空間縮小，多層線路板小孔中的貫孔及盲孔等表面使用有鍍金（**圖4-23**）。

線路板鍍膜中使用的貴金屬大多為金，膜厚$0.5 \sim 2.5\mu m$、使用金99.8％－鈷合金，以氰系酸性浴進行鍍膜。

陶瓷線路板、直接鍵合型環氧樹脂線路板、軟性承載膜等直接搭載晶片的鍍膜，與IC導線架鍍膜所採用的方法相同，其金鍍膜係透過氰系中性浴製得。

貫孔處鍍膜使用非氰系鍍的光澤純金鍍膜效果極好，均鍍能力亦高。

一片線路板中，在接頭處、焊處、IC接合處等數個部位的集結處，會先鍍上厚$1 \sim 2\mu m$的金-鈷系硬質鍍膜，部分再鍍上厚$0.5 \sim 1.0\mu m$的純金鍍膜形成雙層鍍膜。使用提高電流密度的弱酸性金99.9％－鈷合金進行鍍膜，可達成$10 \sim 15$秒形成$1\mu m$膜厚的高速鍍膜，效率為傳統方法的$10 \sim 20$倍。且近年在鍍金時，不僅做到積體度的高密度化，同時還可無鉛化，比起電鍍浴，更常使用無電鍍浴。鍍膜分為厚度在$0.1\mu m$以下的薄膜及$0.1 \sim 1.0\mu m$的厚膜。厚膜的目的比起防鏽，更加注重於接合條件上的提升。

圖4-23 多層印刷線路板

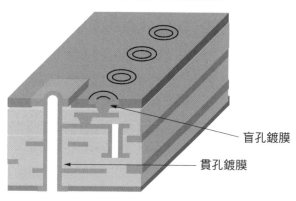

盲孔鍍膜

貫孔鍍膜

（5）火星塞

　　火星塞指的是在點燃燃料時，以電力方式產生火花的點火裝置，其外觀如圖4-24所示，安裝於機車及汽車、飛機等工具的引擎汽缸內並透過放電來點火，是日常周遭常看到的裝置。而近年來由於環保聲浪不斷高漲，人們開始強烈要求汽車引擎的廢氣排放必須符合規範並改善油耗量。

　　因此火星塞不再僅是單純能夠耐熱耐腐蝕即可，更被要求能提升點火性能及延長使用壽命。在引擎內部每分鐘會點火數百至數千次，而此點火過程一般設計成提供數萬伏特電壓便可產生適當的火花。其工作機制為當火花產生時，空氣與燃料的混合氣體在高溫高壓下產生燃燒反應並起火，起火的小火燄會進一步點燃汽缸內所有混合氣體並產生高能量。點火時，若燃燒所產生的碳（煤）附著在電極上，會因漏電造成火花無法產生並導致熄火。要防止這種情況發生，可提高火星塞本身溫度來燒掉積碳以達自我清潔作用，但若溫度過高可能造成過早點火，嚴重時可能導致火星塞燒壞，故維持火星塞工作溫度並控制放熱非常重要，此特性稱為熱值，以數值與符號表示。

　　其構造設計為絕緣的火星塞線纜與中心電極相連接，在火星塞外殼所設置的側方接地電極中間通高壓電（數萬伏特）後放電並產生火花。電極部分如圖4-24所示，為直徑0.4～0.8mm左右的小片狀，過去一般使用鎳系材料，但為求改善其特性，滿足放電消耗少、熱導率佳、高溫中機械性

圖4-24 火星塞

外觀　　　　　　　　　　　　　　　　放電部分

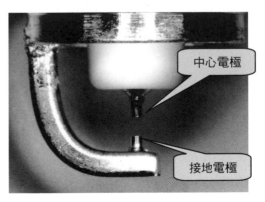

中心電極

接地電極

質良好等條件而開始使用貴金屬材料。當時使用的材料為金-鈀系合金，但為追求更穩定的火花放電及更低的放電消耗而開發熔點更高的材料。電極的消耗主要來自燃燒室中火星塞溫度上升，造成材料氧化受侵蝕或晶粒變大自晶界中脫落，故使用不易氧化且熔點高的材料，能夠有效抑制此現象。其後開發出以鉑為主成分的材料，如鉑－鎳合金、鉑－銠合金、鉑-銥合金等。目前火星塞所使用的合金材料的目標，為可行駛10萬km以上、甚至車輛報廢前都無需保養、主成分為銥並添加少量鉑及銠。在此材料逐漸成為主流標準配備的同時，新的材料也在持續不斷地開發中。

圖4-25是在1mm間隙的對向電極中使其產生火花150個小時後的耗損狀態，可知其火花耗損特性。鎳系電極消耗劇烈導致間隙變大，鉑系及銥系電極的間隙則幾乎沒有擴大。且鉑系電極已呈熔融狀態，銥系電極仍完好無缺。

圖4-25 電極的放電消耗特性（火花消耗實驗）

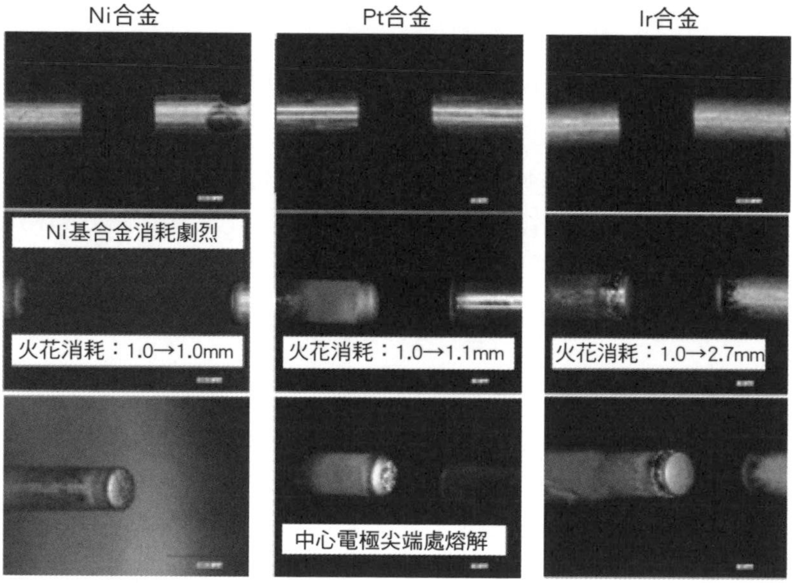

Ni合金　　　　　Pt合金　　　　　Ir合金

Ni基合金消耗劇烈

火花消耗：1.0→1.0mm　　火花消耗：1.0→1.1mm　　火花消耗：1.0→2.7mm

中心電極尖端處熔解

（6）凸塊的製造

凸塊（bump）指的是為使半導體晶片與電路板間的電路能夠接通，而於半導體晶片上以金或焊料製造出高數 μm 至數十 μm 的凸起處。例如

大型積體電路晶片與電路板間，透過在電路板上製造凸塊與電極焊盤接觸或黏合來接通電路。

實際安裝液晶螢幕驅動及記憶體、閘陣列、單晶片微電腦中的IC時，會在IC電極上製造金凸塊，使其與基板或膜載體間電路能夠連通。為防止氰對光阻劑造成損害，並考量到作業環境及使用完畢的鍍液處理，製造凸塊時使用不含氰的中性金鍍液。鍍膜分為電鍍及無電鍍2種方式。

電鍍時，於鋁電極上附著上一層密著度良好的鈦、鉻等阻障金屬，上方附著容易與金混合成合金的銅、鈀、鎢，再於其上濺鍍金做出防電鍍塗層後，以電鍍方式形成凸塊，之後再將防電鍍塗層及阻障金屬去除。

無電鍍時，首先在鋁電極上置換鍍鋅，以無電鍍鎳形成凸塊後，再透過置換型無電鍍使其析出厚 $0.05 \sim 0.5\,\mu m$ 的金。

為了製成高度高且間隔小的凸塊，必須採垂直的直壁式凸塊。為使凸塊易於變形，多使用軟性材料，側壁直線處要求呈垂直且高度固定，尤其在大型晶圓中，必須要求凸塊的整體均一性。要製造出正確尺寸的凸塊，不僅鍍液，鍍膜裝置中正、負極間的位置關係所導致的電流分布不均及鍍液流動方式等，皆會大幅影響結果。

圖4-26是為了取代金鍍膜而新開發的鈀鍍膜凸塊。鈀鍍膜難度雖比金高，但由於硬度高於金，形狀不易塌陷，因此可縮小凸塊間隔，並且在價格上也大有優勢。

此外還有利用打線機（參照4-2（1））的接線式凸塊，使用金焊料的線材直接製造凸塊。

圖4-26 鈀的直壁式凸塊

4.3 溫控材料

（1）熱電偶

連接2條不同種類的金屬線線頭，形成閉合電路並加熱其中一端，兩端產生溫度差後，電路中會產生電流（電流方向依溫度高低而改變），如圖4-27所示。1821年，德國物理學家托瑪斯‧賽貝克在銅與銻之間發現此現象，故命名為賽貝克效應。產生此電流的電動勢稱為熱電動勢（thermo electromotive force，thermal EMF），該值表示金屬線兩端溫差所對應的直流微弱電壓（每1℃約數微伏特）。熱電動勢的大小與金屬線的形狀、長度、粗度、兩端以外的溫度等無關，故利用此現象，以其中一端為基準接點並保持固定溫度即可測得另一端溫度，應用此原理的溫度感測器稱為熱電偶。熱電偶的溫差為測溫要素，因此維持基準接點溫度固定（原則上為0℃）極為重要，一般熱電偶分度表中皆以此為基準。

圖4-27 賽貝克效應

接合點溫度t₂　金屬A　電流　電流　接合點溫度t₁　金屬B

熱電偶有以下3個定律：

①均質電路定律

成對的2種金屬如為均勻材質，則熱電動勢僅由兩端溫度決定，不受中間溫度分布所影響。

②中間導體定律

由數種不同金屬所構成的電路，如電路中整體溫度相同時，其熱電動

勢總和為0。意即電路中加入其他種類金屬亦不影響熱電動勢。

③中間溫度定律

　　兩端溫度 t_1 及 t_2 所對應的熱電動勢 V_{21}、與 t_2 及 t_3 所對應的熱電動勢 V_{32}、以及 t_1 及 t_2 所對應的熱電動勢 V_{31}，三者間關係為 $V_{21} + V_{32} = V_{31}$。根據此定律，基準接點溫度即使不是0℃亦可透過計算求得其熱電動勢值。

　　前述定律雖然在理論上正確，但實際上熱電偶只要使用過一次，或多或少必然會產生不均勻性。

　　具體測量方法如圖 4-28、4-29 所示。

　　利用貴金屬特性製成的貴金屬熱電偶，可用於 1000℃ 以上的高溫測量，廣泛用於產業界的各種領域中。

　　一般使用的熱電偶類型為 JIS（日本工業規格）中規定的鉑／鉑－銠合金的S型、R型，高溫測量用的熱電偶則有鉑－銠／鉑－銠合金。

　　測量超過 2000℃ 的高溫時，連鉑－銠合金都會熔解，可使用提高電極熔點的熱電偶，其正極為銥，負極為銥－銠合金。而在接近絕對零度的極低溫測量時，可使用負極為金－鐵0.07％合金，正極為鎳－鉻合金的熱電偶。圖 4-30 中所列為 JIS 規格以外熱的熱電偶。

圖 4-28 冰點式基準接點

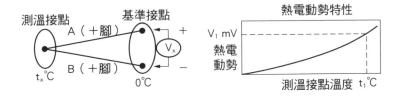

　　使用熱電偶測量溫度時，兩端接合處溫度與熱電動勢間關係為已知的金屬組合，將接合處一端分開並測量兩端熱電動勢，即可求得溫度。熱電動勢特性，則表示基準接點溫度固定（一般為0℃）時，其測溫接點溫度與熱電動勢間的關係。JIS 的基準熱電偶分度表亦同。

圖 4-29 補償式基準接點

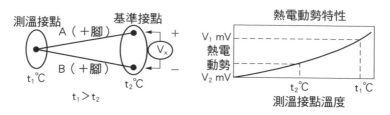

如基準接點溫度不為0℃時，必須以其他溫度計測量基準接點溫度後再進行補償修正。

熱電偶的熱電動勢：V_x〔mV〕$= V_1 - V_2$

基準接點為0℃時的電動勢：$V_x + V_2 = V_1 \Rightarrow t1℃$

圖 4-30 熱電偶規格

JIS規格以外的熱電偶

名稱	正極	負極	使用溫度範圍
金－鐵／鉻鎳合金	Ni－Cr	Au－Fe0.07%	極低溫
鉑銠	Pt－Rh40%	Pt－Rh20%	1100～1600℃
銥／銠	Ir	Ir－Rh40%	1100～2000℃

　　熱電偶有多種類型，用於不同場合。使用構造上分為：以磁性管將熱電偶導線絕緣，並直接插入金屬製或具磁性的保護管中使用的標準型；以氧化鋁或氧化鎂等絕緣粉末將導線封入金屬套管（sheath）內的細速型（鎧裝型）；導線收納於盒中，投入熔爐中以測量高爐中鐵溫度的消耗型；可同時測量半導體擴散爐內多點溫度的多點型（註：國外亦稱為profile thermocouple）等。

　　溫度測量點與熱電動勢接收器間的距離較長時，一般會在中途另接導線以節省熱電偶中昂貴的貴金屬使用量。此導線稱為補償導線，依照熱電偶種類選用在室溫下與貴金屬擁有類似熱電動勢特性的材料。

（2）鉑測溫電阻器

　　金屬的電阻值會隨溫度上升增加，反之若溫度下降則電阻減少。這是由於溫度上升後金屬原子會劇烈震動，導致傳導電子分布散亂，電子不易

移動之故。測溫電阻器即為利用此現象製作的溫度感測器，由電阻值的變化可測得溫度。目前實際投入應用的電阻器有鉑、鎳、銅等材料，理論上不論任何金屬都可使用，特別是鉑對溫度所造成的電阻變化幅度大，且化學性質穩定不易隨時間改變擁有再現性佳的特性，可測得更加精準的溫度，故產業界使用最廣泛的測溫電阻器即以鉑製成。當以t℃時的電阻值為Rt，0℃時的電阻值為R0時，其電阻值變化在0℃以上高溫側的一階近似值可用下列公式表示：

$$R_t = R_0 (1 + \alpha t)$$

α 為電阻的溫度係數，α 值大的材料，僅需微小的溫度變化即可大幅改變電阻。並且 α 值隨金屬純度提高而變大，一般市面上流通的鉑純度約99.95％，標準用鉑則使用99.999％以上純度。JIS規格中的Pt100，表示100℃時的電阻值與0℃時的電阻值比值R100／R0為1.3851。

一般工業用的鉑測溫電阻器型號，是和國際電工委員會IEC（International Electrotechnical Commission Standard）整合後JIS規格中的Pt100。測溫電阻器由電阻器元件、內部導線、保護管、端子所構成，其中的電阻器元件為直徑數十 μ m的鉑線，外圍以玻璃或陶瓷製的捲筒包住。

透過已知的內部導線電阻值，可測得鉑線的電阻值變化。鉑線與內部導線的接線有兩線式、三線式、四線式等3種方法。一般為三線式（圖4-31），將測溫電阻與組成橋式電路的接收器結合後，可忽略導線電阻所

圖4-31 三線式的接線示意圖

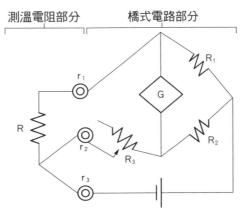

測溫電阻部分　　　　橋式電路部分

造成的影響，因此各種產業中以半導體領域為首，以食品業界用包裝機中的熱封、塑膠射出成形等最為普及。

圖 4-31 中，R_1 及 R_2 為電阻相同的固定電阻，調整可變電阻 R_3，使檢流計 G 中無電流通過，則：

$R_1 (R_3 + r_2) = R_2 (R + r_1)$

若 $r_1 = r_2$，則 $R_3 = R$，故可求得欲測量的電阻值 R，並測得溫度。

一般鉑測溫電阻器的使用溫度範圍，在 JIS 規格中為 $-200 \sim 500°C$，在國際規格中為 $-200 \sim 850°C$，與熱電偶相比，測溫電阻器可用於低溫測量中，精準度亦較高。但在表面或細部測量上，則不適用即時測出溫度的情況。

4.4　催化劑材料

　　一般常見的催化劑有汽車的排氣淨化催化劑、消除廁所或冰箱異味的除臭催化劑等，應用在日常生活中各種地方。

　　在產業中用於硝酸等肥料及火藥原料的製造、高辛烷值汽油的精煉、各種化學製品及食品化妝品的合成，以及鏈黴素等醫藥品的製造中。最近日本科學家研究碳交叉耦合反應並獲得諾貝爾獎，其中使用的鈀催化劑因而開始受到矚目並應用於各大領域中。催化劑已是現代生活中不可或缺的重要存在，本節將介紹周遭催化劑的應用範例。

　　催化劑的作用，簡單來說就是當2個物質的其中一方與另一方物質產生反應後生成完全不同種物質時，能夠在反應中發揮作用促使反應加速進行，但本身在反應前後不產生變化，僅對雙方物質間發生的化學反應速度造成影響，並使其生成新物質，此即為催化劑（此物質擁有增加反應速度的效果，且反應結束後的存在狀態與反應前相同－摘自《化學大辭典》）。

　　貴金屬催化劑中使用最多的是汽油、柴油燃料活塞引擎的汽車中用於淨化排放廢氣的催化劑。

　　目前排氣淨化催化劑主要使用鉑、鈀、銠3種材料。過去汽車生產量不斷上升，催化劑使用量也隨之增加，鉑、鈀在排氣淨化催化劑中的使用量占整體產量的近60％，但最近則因汽車減產導致需求降低。

　　其中銠的產量少，光是用於汽車催化劑中的使用量就已超過產量，不足的部分則由報廢車輛中回收以勉強填補。

　　近來受到全球暖化影響，為減少二氧化碳（CO_2）排放量而開始評估各種燃料，從改變車輛結構著手，積極開發混合動力車及電動車、燃料電池車等，以取代過去對石化燃料的依賴，催化劑所需具備的功能亦愈來愈多樣化。

（1）汽車的排氣淨化催化劑

　　催化劑是如何達到排氣淨化的功能呢？以汽油車為例，汽油與空氣混合、壓縮、點火引燃後燃燒產生能量並驅動車輛前進，但燃燒後會排放對人體及環境有害的一氧化碳（CO）、碳氫化合物（HC）、氮氧化物（NOX）等3種氣體。過去洛杉磯曾發生光化學煙霧事件，美國參議院因此於1970年制定了當時被稱為瑪斯基法案（Muskie Act）的空氣污染防制法，之後鉑便開始被用於汽車催化劑中。如今在各個國家與地區中對有害物質的排放管制值皆有不同，依照車種及燃料、製作技術等因素仔細考量後訂定。

　　以美國為首，歐盟、日本等地規範每年都愈加嚴格。近年中國躍升為全球第2的GDP大國後，以舉辦北京奧運為契機採用了歐盟管制值（歐盟三號標準）。2010年因舉行上海萬國博覽會而實施了中國的國家第三、第四階段機動車污染物排放標準（相當於歐盟三號、四號標準），並規劃提前於2017年在大城市中引進與歐洲同等嚴格的排氣規範。

　　裝有催化劑的排氣淨化裝置（轉換器，圖4-32），安裝於引擎後方與排氣管消音器之間。催化劑有單獨使用鈀，或使用鉑／鈀、鉑／銠、鈀／銠等組合。

　　轉換器為蜂巢狀構造（圖4-33）的陶瓷或不鏽鋼製載體，表面分布有陶瓷及鉑系元素的微小粒子，當廢氣通過時這些微小粒子上會起催化反應而轉換為無害物質。

　　以汽油車為例，廢氣在通過轉換器時會因催化作用使一氧化碳被「氧化」為二氧化碳（CO_2），碳氫化合物（HC）轉化為二氧化碳（CO_2）及

圖4-32 催化劑轉換器外觀　　　圖4-33 陶瓷催化劑載體外觀

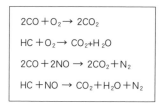

圖4-34 汽車催化劑的
基本反應式

$$2CO + O_2 \rightarrow 2CO_2$$

$$HC + O_2 \rightarrow CO_2 + H_2O$$

$$2CO + 2NO \rightarrow 2CO_2 + N_2$$

$$HC + NO \rightarrow CO_2 + H_2O + N_2$$

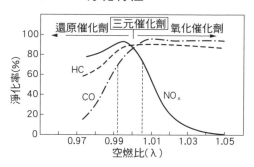

圖4-35 鉑系元素三元催化劑的
淨化特性

水（H_2O），氮氧化物（NOX）則被「還原」為氮（N_2）。3種有害物質皆被轉換為對人體無害的氣體與水（**圖4-34**），惟二氧化碳（CO_2）由於會造成全球暖化而被視為問題。

值得一提的是，當初在製作這個可同時進行氧化、還原此2種化學反應完全相反的裝置時，曾被許多化學相關研究及技術人員指為不可能實現，但在汽車公司及催化劑廠商不斷努力研究下終於開發成功。

如前所述，催化劑淨化時必須將廢氣成分同時進行完全相反的氧化及還原反應，但並非僅單純透過催化劑使其產生反應即可，燃燒時還必須嚴格控制空燃比，也就是空氣與燃料的比例（**圖4-35**）。

當汽車廢氣中的氧氣量過多時，氧氣會搶在NOX前吸附在催化劑表面上，導致NOX不易產生還原反應。相反地，如氧氣量過少，則CO、HC的氧化反應則無法充分進行。以前曾使用鉑鈀催化劑將CO、HC氧化後透過排氣循環系統降低燃燒室內部溫度以抑制NOX，但規範變嚴格後，為提升催化反應效果而開發出能夠淨化前述3種有害物質的三元催化劑，鉑與銠因此開始被用於催化劑中。鉑：銠混合比為10：1～5：1，銠含量多時特性上較優異，但前述比例中，2013年銠的實際產量為南非提供13％、俄羅斯則提供11％，對照其產量，若維持前述用量比例將有資源不足的危險。

如圖4-35所示，可知將空燃比調整為與理論值相當（即λ＝1）時，使用三元催化劑可有效處理3種有害氣體成分（**圖4-36**），故精準控制空燃比以增加催化劑反應範圍極為重要。而此時鑄有鉑電極的含氧感測器即

圖4-36 二段式轉化催化劑系統

$$CO + H_2O \rightarrow CO_2 + H_2$$
$$HC + H_2O \rightarrow CO_2 + H_2$$
$$2NO + 2H_2 \rightarrow 2NH_3 + 2H_2O$$

可發揮重要作用。

柴油車的排放廢氣中碳氫化合物含量少，但燃燒不完全的燃料殘留物（可溶性有機成分SOF）及硫化物（sulfate）會吸附在煤灰上形成PM（懸浮微粒）。

柴油引擎的熱效率高，與汽油引擎相比對環境所造成的負擔較小，但缺點是其工作原理是將液態燃料噴入高溫空氣中擴散並燃燒，故難以均勻燃燒，容易產生PM。柴油引擎所排出的廢氣成分除了NO_x、HC、CO之外還有SO_2，且含有固體狀的PM。欲去除此污染，必須降低原料輕油中所含硫成分，此為目前柴油引擎的廢氣排放對策。

內燃機的工作原理是在高溫下利用高壓進行工作，其中又以柴油引擎所使用的壓力更高。且其空燃比稀薄，為30：1至60：1，排放的廢氣中為氧氣過多狀態，三元催化劑無法有效將其淨化，故一般採用的處理方式為盡可能在低溫低壓中燃燒以抑制NOX產生，並透過氧化催化劑或柴油碳微粒過濾器（DPF）來收集PM、CO、HC。或盡可能提高溫度使其完全燃燒以抑制CO、HC生成，而因高溫而增加的NOX，目前已投入實際應用的處理方式有透過尿素（尿素水）還原處理的選擇性催化還原SCR（Selective Catalytic Reduction）系統。

（2）燃料電池催化劑

1839年，英國的威廉·革若夫以鉑為電極、以稀硫酸為電解質，從氫與氧中獲得電力並將其用於水的電解，此為燃料電池原理的開端。之後1955年，美國奇異公司（GE）開發出以離子交換膜為電解質的改良型燃料電池。3年後，奇異公司成功減少催化劑中鉑的用量。1965年，美國的載人太空飛行中使用高分子型燃料電池，使燃料電池再次受到矚目。當時令人印象深刻的事件是阿波羅13號在前往月球的軌道中服務艙內氧氣槽

發生爆炸，所幸最後仍平安返回地球，令人鬆一口氣。

目前燃料電池大致可分為4種。如圖4-37所示，有尚在開發中的以及已部分投入實際應用的燃料電池。其中使用鉑做為催化劑使用的，有以氫為燃料的磷酸型及周遭常見的固體高分子型。

固體高分子型燃料電池的熱和電使用效率高、操作溫度低於100℃、使用方便且體積小，今後發展可期。

用於小型發電裝置中的固體高分子型燃料電池目前已完成可行性評估，且安裝並實際使用於一般家庭內，今後可望進一步使用於車用動力來源取代汽油等化石燃料，各家汽車廠商皆全力投入研究中。目前混合動力車及電動車已逐步投入實際應用，固體高分子型燃料電池在綠能領域的發展令人期待。

燃料電池的原理非常簡單，「在水中通電，將水電解分為氫與氧」，再倒回來「使氧和氫發生反應後，即可產生電力」，鉑微粒能夠有效促使前述反應進行。具體來說，在其中一方送入氫氣，內部的燃料極側的電極催化劑使氫發生反應分解為氫離子及電子後，僅氫離子通過電極膜並進入內部的電解質中；另一側則送入空氣（氧），氧在空氣極側的電極催化劑上與對側送來的氫離子反應生成水。此反應中，氫側的電子通過導線流向氧側產生電流並獲得電力（圖4-38）。

描述看似單純，但中間必須經過許多設計，使反應能夠有效率地進行並且符合經濟效益。

圖4-37 燃料電池的種類與特徵

	PEFC 固體高分子型	PAFC 磷酸型	MCFC 熔融碳酸鹽型	SOFC 固體氧化物型
電解質材料	離子交換膜	磷酸	碳酸鋰、碳酸鈉	穩定化氧化鋯
使用型態	膜	母材浸置	母材浸置或使用膏材	薄膜、薄板
預計輸出功率	數W－數kW	100－數百kW	一數百MW	數kW－數10MW
工作溫度（℃）	80－100	190－200	600－700	800－1000
預計用途	家用電源、車輛	定點發電	定點發電	家用電源、定點發電

首先，為能夠快速供應氫與氧，需要數枚被稱為隔離膜的零件。傳統隔離膜使用碳材質，為使其薄型化且兼具導電性及耐蝕性，改以金屬薄板衝壓成形，並加工處理使其耐腐蝕。

燃料極、空氣極皆由多孔性的氣體擴散電極與鉑催化劑所構成，其構造是在固體（電極）、氣體（氫、氧）、液體或固體（電解質）的三相界面中發生反應。

以燃料極而言，將數 $g／m^2$ 的鉑及約 1nm 大小的釕粒子負載於傳導性碳微粒上，可製成兼具親水性與拒水性的電極。在鉑中添加釕可防止鉑微粒凝聚，避免催化反應劣化並延長使用壽命。

其構造經過巧妙設計，電極中同時存在親水性部分與拒水性部分，讓氣體與水能夠順利滲透過膜，使催化反應能夠有效率地進行。

燃料電池之所以備受期待，是由於它不會產生氮氧化物（NOX）、碳氫化合物（HC）、一氧化碳（CO）、硫化物（SOX）等有害廢氣，在發電反應中亦不會生成二氧化碳（CO_2），產生的電能與熱能可同時利用，綜合效率高。

其燃料為氫，除了從石油、煤炭、天然氣、甲醇等化石燃料中取得外，亦可透過將水電解等許多方法獲得。而且不像渦輪機幾乎不會產生噪音及震動，此為特徵之一。

圖 4-38 燃料電池構造概念圖

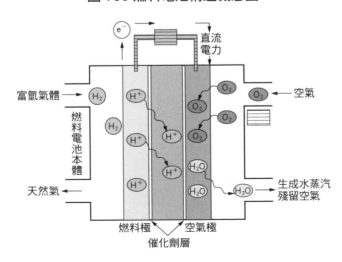

（3）氨氧化催化劑

在無機化學工業中的硝酸及氰酸，或石油化學工業中尼龍用的己內醯胺，其製程中都使用鉑或鉑銠合金網做為催化劑。開發出硝酸製程的是西德的凱撒公司（Kaiser），如今全球仍使用此製程。此製程中將原料氨與空氣混合後送入氧化反應器中，讓此混合氣體通過鉑合金網的過程中反覆氧化，以水吸收該氣體即可製得硝酸。鉑合金網可有效促使此反應進行，做成網狀可使氨氣體與空氣中的氧氣能夠均勻反應，使其與氣體間的接觸面積增加並降低壓力阻抗。

氨氧化反應器內部構造如圖4-39所示，為數枚圓形的鉑合金網重疊所構成，合金網材料為鉑－銠5～15％合金，亦可配合添加鈀製成的三元合金網一起使用。

鉑－銠合金在高溫中的機械性質佳，具耐氧化揮發性（銠的氧化揮發速度為鉑的1／19），但一開始的點火反應則是純鉑較佳，故表層第一枚催化劑網可使用鉑網。

為盡可能回收貴金屬材料，在反應完成後的最底層使用鈀系合金（Pd－Au－Pd－Ni）網，以收集在反應中氧化揮發掉的鉑及銠並將其還原。過去主要使用玻璃纖維等製成的濾網，在改用前述採集網後材料回收率有顯著提升。

此網使用的線為直徑 ϕ 0.05～0.08mm，除平織及斜織網外，現在也開始使用反應效率良好的針織網（圖4-40）。原因在於和同重量的鉑銠合金線以立體結構編織成網的實際開口率（孔徑比）相較，線徑76μm的平織網為62％、針織網為64.5％，差異雖不大，但氣體阻擋率的則差異頗大，

圖4-39 氨氧化器示意圖

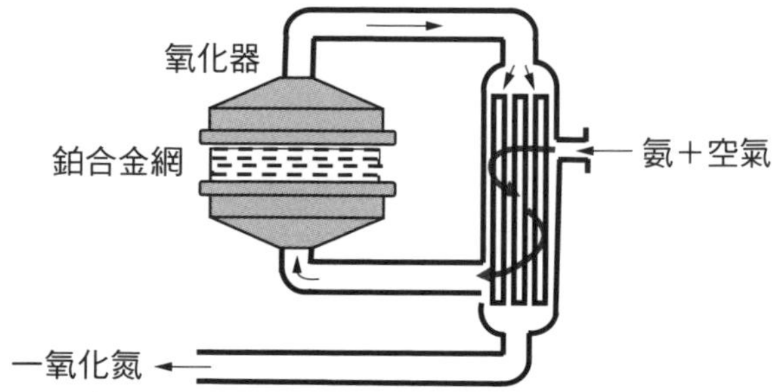

氧化器

鉑合金網

氨＋空氣

一氧化氮

平織網為密集的17%、針織網則為稀疏的7%。意即使用針織網時氣體壓降較少，且能進入立體結構的網眼中增加反應面積。使用針織網可改善催化劑活性、減緩銠的氧化速度、氣體中所含的硫等對催化劑有害的雜質以及反應裝置表面氧化生成的鐵質等，其滲透率亦會提高並減少與鉑網的接觸，可長時間維持催化劑活性。

催化劑網的外形尺寸有從直徑 ϕ200mm 到大型網中有5000mm的圓形網，以及依不同反應器形狀製成的六角形網。

將氨氧化以製成硝酸的反應式如下：

$$4NH_3 + 5O_2 \Rightarrow 4NO + 6H_2O + 216.7kcal$$

$$2NO + O_2 \Rightarrow 2NO_2 + 26.9kcal$$

$$3NO_2 + H_2O \Rightarrow 2HNO_3 + NO + 32.5kcal$$

空氣中的氨氧化反應一般在900℃左右的溫度下進行。此高溫中不易氧化且擁有催化反應的材料只有鉑、鉑－銠合金，無其他可取代的材料。反應壓力依照不同的氧化反應器裝置，有低壓（$1 \sim 2kgf / cm^2$）、中壓（$3 \sim 6kgf / cm^2$）、高壓（$7 \sim 15kgf / cm^2$）等各種類型。

將氨與空氣以高速、高壓狀態通過加熱至高溫的鉑網中，使氨氧化後可得硝酸。此狀態下鉑網長時間處於高溫高壓條件中，一般可使用1到6個月，期間如圖4-41所示。鉑網的線表面會長出呈花椰菜狀鉑微粒，使反應面積增加讓反應更加活化。但高壓中的氣體流速會導致花椰菜狀微粒脫落造成催化劑網機械性質劣化，或空氣中的鐵及硫等雜質混入其中造成污染使網本身劣化破損，這些問題會導致催化劑網無法繼續使用。

透過前述採集網雖可回收這些材料劣化造成的損耗，但整體損耗率依使用時間長短仍有約$10 \sim 30\%$左右。使用後的鉑網經回收後可再精煉恢復原本純度，精煉過程中會有$1 \sim 2\%$的材料損耗。

圖 4-40 鉑催化劑網放大圖

a. 平織網　　　　　b. 針織網

圖 4-41 使用後的鉑催化劑網放大圖

a. 平織網表面　　　　b. 針織網表面

（4）其他種類催化劑

①石油煉製用催化劑

　　將原油進行煉製後可製成各種石油製品。其中一般較常見的貴金屬催化劑應用是高辛烷值汽油製程。高辛烷值汽油的目的是為了使引擎內部較不易產生爆震。

　　1949年，霍尼韋爾UOP公司以多孔性氧化鋁為載體，並將鉑高度分散負載其中，開發出性能優秀的鉑媒重整催化劑，將辛烷值較低的重質石腦油透過催化重整器轉變為高辛烷值汽油的製程因而快速普及。催化重整反應中最常見的是將鉑所擁有的金屬活性，與多孔性氧化鋁中添加氯後可得到的酸活化功能，兩者複合而成的二元功能催化劑反應。這裡所使用的催化劑，原本是將0.3～1％的鉑負載於添加了矽鋁及鹵素的氧化鋁固體酸性物質上做使用的催化劑。在鉑／錸催化劑問世後，為追求更長使用壽命及更高選擇性，持續開發錸以外的錫、鍺、銥等第二第三成分，或以前述材料組合而成的高性能雙金屬催化劑。

　　重整反應的溫度約500℃、重整油的研究法辛烷值（RON）為90～105、日規高級汽油約為98～100、普通汽油約為90～91。欲增加高辛烷值汽油之反應收率，熱力學條件上高溫低壓環境較為理想，但此環境下會生成焦炭導致催化劑性能急速劣化，故於高氫壓環境中進行。唯此法不利於脫氫。

　　而後受惠於技術創新，開發出高性能雙金屬催化劑，使催化劑性能提升。接著在1971年，可將焦炭劣化的催化劑再生的連續催化劑再生式（CCR）鉑媒重整製程問世後，催化劑發展便有了長足進步。為使催化劑能夠承受在反應塔與再生塔間頻繁移動，並兼顧再生後的性能恢復，使用表面積穩定且耐磨損的球狀陶瓷載體，並將鉑微粒均勻分散於載體上。

　　除此之外的再生製程，有傳統的固定床半再生式製程、將催化劑使用至催化活性劣化容許極限後再於反應塔內再生的製程，或使用擺動式反應器，可隨時將催化劑再生的固定床循環再生式等製程。

②燃燒催化劑・除臭催化劑

　　燃燒催化劑及除臭催化劑機制相同，皆是將有機物等可燃性物質透過

催化反應使其氧化分解。燃燒催化劑將氧化分解時所產生的熱做為能源使用，除臭催化劑則是將有機物本身分解去除為目的。

燃燒催化劑必須於高溫中使用才能獲得良好的能源效率，故材料本身必須耐高溫且可持久使用。而除臭催化劑注重的是要如何將稀薄的味道成分有效降至臨界值或管制值以下，故材料需要具備低溫下的高催化活性。

燃燒催化劑及除臭催化劑需要進行完全氧化反應，因此必須讓有機物轉化為碳酸氣體及水等。以甲烷及石蠟類的氧化反應為例，比較催化劑的氧化活性排名大致如下：

鈀＞鉑＞氧化鈷＞氧化鉻＞氧化錳＞氧化銅＞氧化鈰＞氧化鐵＞氧化釩＞氧化鎳＞氧化鉬＞氧化鈦

圖4-42為各種負載型催化劑對正己烷的反應起始溫度。由表中可知鉑與鈀相同，皆具有能夠將有機物完全氧化分解的效果。

工廠中的各種排放廢氣會造成空氣污染，因此受到嚴格管制，其中為消除惡臭，採用了生物學、化學、物理學等各種方法。過去曾使用除臭劑法、生物除臭法、吸附法等簡易方式除臭，然而仍存在許多問題。例如無法用於處理高濃度或味道成分濃度不固定的臭氣、處理速度慢且設備體積龐大、使用完畢的活性碳或除臭劑必須經過處理等，因此開始改為使用上具彈性且事後處理方便的除臭催化劑。

一般而言，在700～800℃高溫下燃燒0.3秒以上即可完全去除惡臭物質。此為直接燃燒法，自古便使用至今。由於直接燃燒法需要高溫，故設備規模龐大，燃料費用等運轉成本高昂。

圖4-42 負載型催化劑的活性比較

催化劑	催化劑層入口溫度（℃）	
	氧化開始	完全氧化
0.5%Pt／γ-Al$_2$O$_3$	163	205
1.0%Pt／γ-Al$_2$O$_3$	151	185
10%NiO／γ-Al$_2$O$_3$	298	348
7%V$_2$O$_5$／γ-Al$_2$O$_3$	320	490
10%Co$_2$O$_4$／γ-Al$_2$O$_3$	239	340
10%Mn$_2$O$_3$／γ-Al$_2$O$_3$	215	367

與直接燃燒法相比，催化劑燃燒法的優點為所需溫度低，此法僅需以 200 ～ 350℃預熱，讓臭氣在通過催化劑層時被催化劑的強氧化力完全分解，裝置體積小、費用亦較低廉。

除臭催化劑的載體依照不同用途有以下種類：① γ-氧化鋁、氧化鋯等球狀或顆粒狀結構；②菫青石、富鋁紅柱石、不鏽鋼等蜂巢狀結構；③發泡金屬或發泡陶瓷製成的帶狀或網狀結構。

這些載體表面負載有鉑、鈀、銠，或混合 2 種以上前述金屬的微粒，做為催化劑使用。一般而言負載量約為每公升中有 2 公克貴金屬。

催化劑燃燒式的除臭催化劑中，首先將欲處理的氣體事先在預熱室中以加熱器加熱至反應起始溫度，氣體通過催化劑層時會被氧化分解成無臭氣體後經由煙囪排出。此法所需的燃料費用比直接燃燒法低廉，可抑制運轉成本，但由於所需費用較生物除臭及吸附法高昂，故目前市面上亦有販售蓄熱型催化劑除臭裝置，此類裝置在催化劑的上游及下游分別安裝蓄熱器，並透過切換排氣路徑，將蓄熱器反覆交替用於預熱及熱回收，利用排出的熱能。

以外亦有對催化劑部分直接通電加熱的電熱型催化劑（EHC）。此類催化劑所使用的方式為對金屬製蜂巢狀結構通電，將蜂巢狀結構表面的催化劑加熱至必要溫度，並使通過的氣體加速氧化。此方式透過直接加熱，使催化劑活性上升速度加快，直徑方向溫度分布均勻，可獲得穩定的催化劑性能。且由於裝置本身與加熱器一體成型，構造簡單、特性優秀，加熱開始後 100 秒內即可達到淨化效率最高值（圖 4-43）。

圖 4-43 電熱型催化劑 EHC 達最大淨化率所需的時間

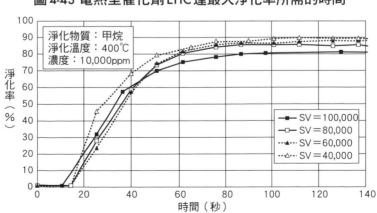

淨化物質：甲烷
淨化溫度：400℃
濃度：10,000ppm

淨化率（%）

時間（秒）

SV＝100,000
SV＝80,000
SV＝60,000
SV＝40,000

③金催化劑

過去金被認為本身做催化劑使用時的活性低，但後來發現將金負載於過渡金屬上製成5nm左右的超微粒子後可獲得良好的催化效果，目前此催化效果的應用愈來愈廣泛（奈米催化劑，**圖4-44**）。

金催化劑在低溫中的氧化活性比鉑系元素催化劑好。例如負載於鈦氧化物、α鐵氧化物、氧化鈷等任一材料中的金微粒，反應性極佳，適用於將一氧化碳氧化的反應中，且對碳氫化合物亦具有完全氧化活性。綜合**圖4-45**的氧化活性順序排列：

$$Au ／ Co_3O_4 > Pd ／ Al_2O_3 > Pt ／ Al_2O_3$$

負載於氧化鈦中的金催化劑亦可用於碳氫化合物的選擇性氧化。甚至在50～120℃低溫中，只要與氫共存，都能將碳數3或4的碳氫化合物在氧氣中選擇性地使部分氧化。

圖4-44 金的奈米催化劑示意圖

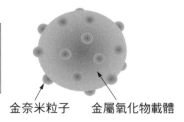

在金屬氧化物載體中摻雜異種金屬離子可改善催化劑特性

金奈米粒子　　金屬氧化物載體

圖4-45 金催化劑的反應溫度與轉換率

金催化劑反應效率比較；
流通反應器氣CO1%、SV＝20,000　H-1ml／g-catal

CO至CO₂的轉換率（%）

Au/Fe$_2$O$_3$（Au5wt%）

Au/TiO$_2$（Au1wt%）

Pd/AlO$_3$（Pd0.5wt%）

反應溫度（℃）

4.5 玻璃熔解裝置用材料

（1）功能玻璃熔解裝置

玻璃是我們周遭隨處可見日常生活中無法缺少的存在，稍微看一下身邊都能發現其蹤跡。例如裝飲料的玻璃瓶、用來吃東西的餐具、相機鏡頭、電視及電腦螢幕、手機等；也有一些例如注射劑用安瓿、電腦中的硬碟、背光液晶螢幕等，在平常看不到的地方玻璃也發揮著重要作用。

而要製作這些玻璃，鉑是至關重要的材料。尤其是製造功能玻璃時，鉑更是不可或缺的存在。鉑擁有以下3大性質：①高熔點、②耐氧化、③不易與熔融狀態的玻璃起化學反應。玻璃類型有鹵化物玻璃，如硫系玻璃（硫化物、硒化物、碲化物玻璃總稱）及氟化物玻璃等特殊玻璃，但大部分玻璃是將數種金屬氧化物熔融凝固而成的非晶態物質。為使玻璃具備所需功能而製作各種玻璃，但所有玻璃都必須在超過1000℃的高溫中熔解，因此製作玻璃時使用的材料，需要具備在此高溫中不會熔化以及在有氧的大氣中不會生鏽氧化等性質，且此材料必須不為熔融後的玻璃所侵蝕。目前除了鉑以外，尚未發現其他材料同時具備前述所有特性。

以前的玻璃製造工程只是單純把裝有氧化物原料的坩堝放入電熱爐中熔解，並透過人工方式倒入鑄模成形後研磨表面而成。當時使用的坩堝材質為氧化鋁等耐熱材料，但氧化鋁會被侵蝕導致玻璃中混入異物。混入的氧化鋁會逐漸玻璃化，但未完全熔化的氧化鋁會以小片狀存在於玻璃中，此片狀異物在日文中稱為「石頭」。即便氧化鋁完全熔化，也會因黏度比熔融玻璃高，導致氧化鋁在熔融玻璃中難以均勻擴散並形成紋理造成缺陷。因此擁有前述特徵的鉑便開始被用於熔解鏡頭等光學玻璃時所用的容器中。

玻璃熔解裝置的設計是將經過壓延加工的鉑板折彎、鍛打、焊接，也就是透過一般的板金加工製成後，將鉑板安裝在耐熱材料製成的爐的內側，使玻璃只會接觸到鉑。為使玻璃能夠均勻成形並消除紋理，必須設置

攪拌棒，攪拌棒使用鉬或耐熱材料製成並於外層鍍上鉑或鉑－銠合金，亦可直接使用強化過的純鉑或鉑－銠合金。

　　鉑裝置的設計各家公司皆有不同、重新製作的時間長達1年以上、期間也經常中途變更設計，因此過去較難對大量生產用的機械加工設備進行投資。直到近年，使用平板顯示器（FPD）的薄型電漿電視及電腦、電視的液晶螢幕等裝置問世，玻璃開始被要求需要具備高品質。對鉑裝置的加工精準度、再現性、量產性要求亦隨之提高，愈來愈多地方為提高加工技術而開始使用精密機械進行加工。

　　這類玻璃的基本製程與以往並無不同，但規模龐大，且玻璃面排列著細密的驅動液晶用薄膜電晶體（TFT）。故玻璃厚度約為0.6mm左右，但即便玻璃面積增加，仍需具備平坦度，當然玻璃中也不允許有氣泡或異物存在。因氣泡大多為氧氣，故添加會與氧反應的砷或銻的氧化物可有效消除氣泡，但必須注意這些添加物可能因玻璃中的反應而被還原為金屬元素，並與裝置接觸後形成低熔點合金導致裝置熔毀。此外由於砷與銻為有害物質，環保上會盡量避免使用，改為降低裝置內部壓力以消除氣泡，或提高熔融溫度至1600℃以上使氣泡較易去除等方法愈來愈常見。但如此一來鉑將無法承受高溫，為了提高熔點需要經過處理，例如將銠與鉑混合為合金。添加銠不只可提高熔點，且由於銠與鉑同樣具耐氧化性，故鉑－銠10～20％合金為目前主流。但由於銠的溶膠粒子滲入玻璃中會使玻璃顯色，故光學玻璃中僅使用鉑。

　　圖4-46為連續式裝置的構造示意圖。其構造為原料通過熔解槽、澄

圖4-46 玻璃板熔解裝置示意圖

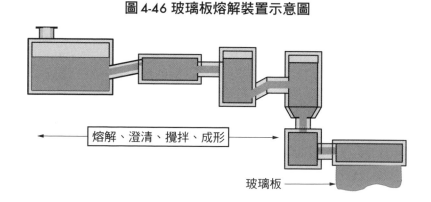

熔解、澄清、攪拌、成形

玻璃板

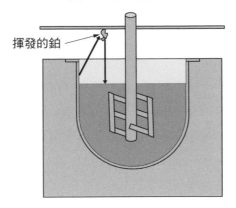

圖 4-47 鉑的揮發

揮發的鉑

清槽、均質槽後產出成品。玻璃在此鉑裝置中流動，直到成為成品前都不會接觸到鉑以外的物質，因此1個連續式裝置中使用1公噸以上的鉑金屬都不罕見。

此外，傳統方式中以電熱爐為熱源必須耗費大量的鉑，因此目前主流是對鉑裝置本身通電，透過直接通電加熱方式節省鉑的用量。在材料面上，使用不易因高溫產生蠕變的強化鉑材料，可降低裝置厚度、減少鉑用量並增加其使用壽命。如前所述，鉑在玻璃的製造中扮演著重要角色但仍非萬能，鉑會混雜到玻璃中這一點可說是其品質上唯一缺點。這是由於鉑在750℃以上會產生氧化揮發現象，於高溫處揮發的鉑會在低溫處凝聚後混雜到玻璃中，使玻璃機械性質降低或離子化後溶析出來。**圖 4-47** 所示為前述現象中鉑揮發的例子。

平板顯示器畫面與背光用玻璃管、液晶投影機鏡頭、手機螢幕及數位相機鏡頭等各種不同的玻璃製品皆使用鉑來製造。

（2）玻璃纖維紡絲裝置

玻璃纖維大致可分為短纖維與長纖維2種，其紡絲方法亦不同。短纖維的紡絲法有利用旋轉產生的離心力及氣體壓力（熔噴法）將熔融玻璃有如棉花糖般噴出使其纖維化的方法，以及將長纖維切成短纖維的方法。

長纖維對纖維直徑的精準度要求高，採用的紡絲方式中，使用被稱為拉絲板（bushing）的鉑－銠合金製裝置。捲取後的長纖維配合使用目的

加工成各種形態，例如用於強化塑膠的材料，或織成玻璃纖維布用於印刷線路板中。長纖維在大量生產中使用直接熔融法（Direct melt），中小量生產則使用二段式玻璃球熔融法（Indirect）。此處以鉑合金使用量較多的長纖維為例做說明。

如**圖4-48**所示，舟狀拉絲板底部的突起為直徑0.7～2.5nm的無數小孔所形成，稱為基座（baseplate）。加熱至1200～1400℃的玻璃因本身重量自小孔中流出後被高速捲取，並纖維化形成長纖維。此玻璃的出口為拉絲板，使用鉑－銠10％合金，或將微量氧化物分散其中的鉑－銠製成的強化合金。這些小孔的數量少則200H，多則可達6000H。如圖4-48，其結構為拉絲板兩端設有電極，將兩端電極通電後可控制玻璃的流出溫度。流出孔的形狀如**圖4-49**所示，依照玻璃種類與纖維直徑選擇孔徑。

玻璃為氧化物，為不被高溫所還原，必須於大氣中熔解，故拉絲板材質必須在高溫中不氧化，且與玻璃不互相污染，目前尚未發現鉑以外的可用材料。但純鉑在高溫時的機械強度差，尤其施加壓力負載後易產生蠕變，故與銠10～20％混合成合金，以增強其機械性質。

圖 4-48 玻璃纖維紡絲用拉絲板

多孔拉絲板

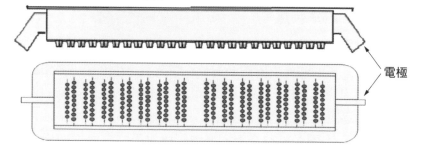

電極

圖 4-49 冷卻方法的差異

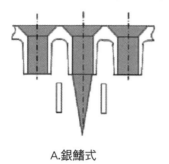

A.銀鰭式

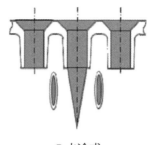

B.水冷式

　　但此合金強度仍不足以用於基座部分。鉑－銠合金製的基座由於長時間承受熔融玻璃的重量，底面會產生變形。變形的底面會使紡絲溫度及流出量不規則，導致紡絲不均勻，同時也是造成突起部分變形、脫落、漏液的主因。

　　因此基座材料需要另外使用將二氧化鋯（ZrO_2）等微粒分散其中的氧化物彌散強化鉑合金以提高蠕變強度。

　　基座為影響纖維直徑等品質最重要的部分，對溫度分布、流出孔尺寸、形狀均一性要求極高。熔融後的玻璃因自身重量往下流，流經下方設置的銀鰭片或鉑－鈀合金製的水冷管後冷卻。其下方是向集束纖維噴霧後將纖維高速捲取的系統，冷卻溫度及捲取速度等參數控制亦非常重要。

　　作業中的問題之一是紡絲時會發生纖維斷線的現象。原因在於熔融玻璃中有不熔物等異物、空氣，或玻璃中氣體造成的空隙混入玻璃纖維中造成斷線。此外，鉑在高溫中氧化揮發後，氧化鉑再度還原為鉑金屬微粒並混入玻璃中也會造成斷線。

　　孔數愈多，則基座的均溫控制愈難，故許多專利中皆有將基座分割並分別透過電流控制來達成溫度控管的案例。最大的課題為運轉壽命，若無問題可持續運轉數年。高溫下長時間使用不僅會造成基座或流出孔產生蠕變，有時也會因操作疏失導致局部裝置損壞，嚴重時甚至必須將鉑裝置整組換新。

（3）氧化物單晶長晶坩堝

　　鉭酸鋰（LiTaO$_3$，LT）及鈮酸鋰（LiNbO$_3$，LN）的單晶可用於雷射光調變用光學元件、壓電元件及表面聲波（Surface acoustic wave，SAW）濾波器等電子裝置及光學裝置的組成零件中。前述單晶擁有可從影像機器或手機等各種電波中取出特定電波的性質。

　　發光二極體（LED）近年來由於節能省電及使用壽命長而備受重視，藍寶石基板為其生產中不可或缺的材料。而在藍寶石基板的製造中，鉑系金屬亦有重要作用。藍寶石為氧化鋁結晶，其單晶為氮化鎵系半導體薄膜的磊晶成長中不可或缺的基板材料，氮化鎵系半導體可用於藍、白色LED中。磊晶成長是在基板上讓沒有雜質及缺陷的結晶順著晶軸方向使結晶層成長的技術。

　　前述結晶的製造方法之一為旋轉拉晶法。此法又名柴氏拉晶法（CZ法），1965年首次成功以此法生長出直徑10mm左右的藍寶石單晶，之後此基本方法並未改變，但隨著表面聲波濾波器的市場需求增加，生產規模亦大幅擴大。長晶方法為將氧化物原料在加熱爐中的坩堝內熔解，使晶種接觸原料熔融液面，讓接觸面保持在熔融狀態並一邊旋轉一邊往上拉提，以高週波感應加熱使接觸面與熔融液之間保持溫度梯度，使其緩慢冷卻並製備出具備相同晶向的大顆粒單晶（ 圖4-50 ）。熔融液的熔點極高，LN為1250℃、LT為1650℃，藍寶石甚至超過2000℃，故坩堝材料選用高熔點

圖4-50 柴氏拉晶法製備單晶示意圖

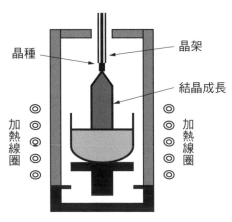

的鉑、鉑－銠合金，以及銥。坩堝有各種尺寸，從實驗用的直徑50mm×高50mm×厚1.5mm左右，到量產用的直徑200mm×高250mm×厚3.5mm左右。目前結晶直徑4英寸（102mm）左右的單晶為主流，使用的坩堝直徑約為200mm。長成的單晶直徑通常為坩堝直徑的6～7成，因此今後若單晶直徑增加，則坩堝的加工，尤其是要對難以加工的銥做精密加工，其技術開發將為一大挑戰。

由於銥熔點高，雖可透過粉末冶金法或熔解法製備銥錠，但冷成形難度高，必須透過800℃以上的熱壓延將銥加工為板狀後，捲成圓筒狀並焊接。此時焊接處與其他部分的厚度及組織相同與否是非常重要的因素，必須將焊接處均勻且毫無缺陷地焊接完成。

原料的熔解使用高週波感應加熱，由於溫度極高，因此若有氧氣存在會使坩堝材料發生氧化揮發。為避免揮發物混入結晶內部成為雜質，長晶爐設置於氣密性高的不鏽鋼製腔體中，腔體內則充滿氮氣或氬氣等非活性氣體。

由於使用高週波加熱，為使溫度分布均勻，坩堝厚度亦需均勻。且坩堝在高溫中長時間使用會逐漸變形，故需要定期重新製作。但由於材料本身昂貴稀有，因此將變形的坩堝修補後繼續使用的情況亦不罕見。

4.6 焊接材料

　　除了宇宙航空領域中的大型裝置之外，電機電子工業領域中的精密機械，以及其他醫療、工藝、裝飾等各大領域中皆會使用到硬焊、軟焊等焊接技術。尤其是尖端科技的裝置或零件，例如半導體領域中因元件的微型化或積體化，而需要複雜的焊接並要求高信賴性，此類焊接中可活用硬焊、軟焊的特性。

　　硬焊、軟焊與熔焊的不同之處在於無需熔化母材，不會對母材材料造成損傷，可精密焊接，故大量用於半導體中的微電路形成及封裝中，在大氣中使用助焊劑焊接可防止氧化並使焊料熔融時的流動性變好。如需避免助焊劑造成污染及焊接後的後處理，或欲防止母材氧化時，可於真空或非活性氣體環境中作業。

　　JIS及ISO規格中定義「硬焊料」、「軟焊料」的差別為，熔點450℃以上為硬焊料、450℃以下為軟焊料（焊錫，Solder），但軟、硬焊料的種類如圖4-51所示，並無明確定義。

圖4-51 軟、硬焊料種類及使用溫度範圍

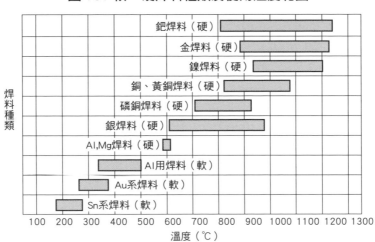

硬焊、軟焊的特徵為適用於薄板及微小精密的焊接中，尺寸精準度高，母材本身熔融少可抑制變形，故多用於複雜的形狀及焊接部中，亦可使用異種金屬焊接或陶瓷／金屬焊接。且透過爐內焊接，可一次完成大量自動化生產。

硬焊、軟焊為金屬表面的「潤濕」現象所造成的接合。不論是固體或液體，其表面皆具有能量，內部的原子與其他原子結合並填滿周圍，相較下表面原子的能量不均衡，比內部能量高。此能量使表面會試圖縮小，稱為表面張力。表面張力關係到潤濕及吸附等性質。

如圖4-52所示，液體與固體的接觸點中，固體表面的一部分會與在液體／固體界面中交換，此現象稱為潤濕。材料種類不同，潤濕亦有親和力之分，依照焊接的材料、形狀、大小、表面狀況等有所不同。

由於焊接後的強度需要與母材強度相當，因此在相同板材對焊中，加熱時接頭間隙應盡可能接近0.05mm。焊接T型接頭時必須注意將填角料焊成承受載重時能分散應力的形狀。

因此需要依照欲接合的被焊物材料性質、不同合金種類的熔融溫度（固相、液相溫度）、形狀，以及焊接後的功能或使用方法來選擇焊接材料。接下來說明各種貴金屬的軟、硬焊料。

圖4-52 潤濕性及潤濕角

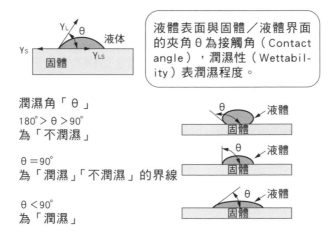

液體表面與固體／液體界面的夾角θ為接觸角（Contact angle），潤濕性（Wettability）表潤濕程度。

潤濕角「θ」
180°＞θ＞90°
為「不潤濕」

θ＝90°
為「潤濕」「不潤濕」的界線

θ＜90°
為「潤濕」

（1）銀硬焊料

　　銀硬焊料是用途廣泛的典型焊料，除了鋁合金與鎂合金以外，也用於鋼、非鐵金屬、石墨、陶瓷等材料的焊接中。有棒材、線材、板材、粉末、膏材、預型硬焊料、複合化硬焊料等各種類型。

　　硬焊作業的種類，在大氣中的焊接有使用助焊劑及瓦斯噴燈的噴炬式硬焊、雷射硬焊、高週波硬焊、電阻硬焊；在爐中的焊接有控制氣氛硬焊、真空硬焊等。硬焊料必須具備的性質為：熔點低於雙方母材、不會使母材劣化、對雙方材料潤濕性高、流動性佳可透過毛細現象滲進細部。並且材料必須不與母材形成金屬互化物導致脆化、凝固後無析出不殘留、不易產生異常鑄造結構（樹枝狀結晶）、空隙、鑄巢等缺陷。為使焊接處不受破壞，焊接時需具備能調整厚度以及可將間隙壓至0.05mm左右的技術。此外，依焊接形態不同，必須將填角料焊成平坦可分散應力的漂亮形狀。助焊劑使用完畢後需要充分洗淨。

　　最基本的銀硬焊料為銀72％與銅28％的共晶合金（JIS規格，BAg–8）。此材料於780℃時由液體凝固為固體（固相線溫度、液相線溫度為780℃）。但在銀約92％的合金與銅約93％的合金中，雙方會同時於780℃時析出合金成分並凝固（共晶），此為其特徵。

　　此類型的銀硬焊料對銀及銅有良好的潤濕性，但對鐵系金屬潤濕性則較差。由於此焊料不含其他低熔點合金，因此適合用於蒸氣壓低的真空硬焊中。目前半導體相關產業中多使用此銀硬焊料。

　　在此合金加入鋅可使熔點降低並進一步改善潤濕性。銀56％－銅20％－鋅24％的銀－銅－鋅的三元共晶合金熔點為665℃，由於提高鋅的比例會使合金變脆，故使用鋅含量24％以下具延展性的BAg–5、6。將鎘、鎳、銦、錫等金屬與前述合金混合製成焊料，可進一步提高潤濕性及熔融時的流動性，並調整其機械強度、耐蝕性、熔融溫度等性質。

　　JIS規格中訂定了各種典型的銀硬焊料，但除此之外還有適用於各種用途的合金，其數量超過100種。例如將銀－銅－鋅合金與鎘混合後，熔點下降、潤濕性及熔融時的流動性提高。JIS規格的銀硬焊料中熔點最低的為620℃，其型號為BAg–1，含有24％鎘；熔點差不多的銀硬焊料則有BAg–2。 有鎘的焊料使用上最為方便，自古以來就有使用。但由於此焊

圖 4-53 陶瓷與陶瓷的焊接

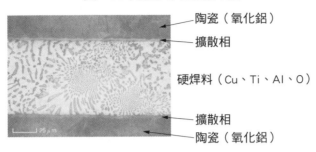

陶瓷（氧化鋁）

擴散相

硬焊料（Cu、Ti、AI、O）

擴散相

陶瓷（氧化鋁）

料中含有害物質鎘，故歐盟的RoHS（危害性物質限制指令）中要求以其他材料代替鎘（但由於沒有其他材料可代替鎘，故目前JIS規格及ISO規格中仍定有含鎘焊料）。BAg-3、4為銀－銅－鋅合金與鎳混合製成的材料，用以提高不鏽鋼、工具鋼的焊接強度及耐蝕性。

此外，為焊接陶瓷與金屬，開發出混合了鈦及鋯等活性金屬元素的硬焊料。以往必須先於陶瓷表面鍍上鉬或錳將其金屬化，開發出前述焊料後，可直接對陶瓷與金屬進行焊接。

圖4-53為陶瓷間的焊接剖面。

（2）金硬焊料

金硬焊料自古便使用於裝飾材料中，現在則用於工業、牙科等多元領域中。以往常使用的基本硬焊料為金－銀－銅合金，在開發出耐蝕、耐氧化用的金硬焊料及高真空用金硬焊料後，又開發出低溫金硬焊料（金軟焊料容後說明）用於電子工業用途中（圖4-54）。

典型的金硬焊料可大致分為金－銅合金系與金－鎳合金系2種。金－銅合金系硬焊料的特徵為在狹縫中流動性佳，焊接時易焊出漂亮的填角料（圖4-55），對銅、鎳、鈷、鉬、鉏、鈮、鎢等金屬及其合金的潤濕性佳，且不會與母材過度合金化、富延展性、不含高蒸氣壓材料且不易形成頑強的氧化物，容易焊接。此焊料材富加工性，故可製成線材或板材等精密的預型焊料。金硬焊料主要以高熔點材料為焊接對象，用於特殊用途的精密機械或零件中。

金－鎳合金系的硬焊料具備良好的高溫強度及耐蝕性，不容易發生粒

圖4-54 工業用耐熱、耐蝕金硬焊料

JIS規格以外實際使用的金硬焊料

編號	化學成分（mass%）					溫度（℃）（參考）	
	Au	Cu	Ni	Ag	Pd	固相線	液相線
1	94	6	—	—	—	約965	約990
2	92	—	—	—	8	約1070	約1090
3	81.5	16.5	2	—	—	約910	約925
4	75	20	—	5	—	約885	約895
5	70	—	22	—	8	約1005	約1037
6	65	35	—	—	—	約965	約1075
7	60	20	—	20	—	約835	約845
13	58.3	39.6	—	2.1	—	約906	約921
14	50	—	25	—	25	約1102	約1121

圖4-55 焊接時填角料形狀

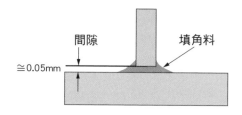

間腐蝕，不含高蒸氣壓金屬，故可用於真空硬焊中。其加工性及機械性質佳，可承受500℃溫度。需要高強度與高信賴性的太空梭主引擎，以及日本H-1火箭中第2引擎的冷卻管、燃燒室、液態氫與液態氧等高壓且極低溫部分中使用的不鏽鋼鋼管，皆有使用此硬焊料。

（3）鈀硬焊料

鈀硬焊料與鎳、錳、鉻同族且性質相近，易與金、銀、銅等金屬混合成合金。鈀系硬焊料為鈀與銀－銅合金混合的合金焊料，可提升其對鐵、鎳等過渡金屬的潤濕性，並改善耐熱、耐氧化性。另一種硬焊料是將鈀混合到鎳與錳的焊料，主要用於提高其耐熱性。此焊料擁有與鎳硬焊料同等的焊接強度以及耐熱性，延性與衝擊值則優於一般的鎳硬焊料。

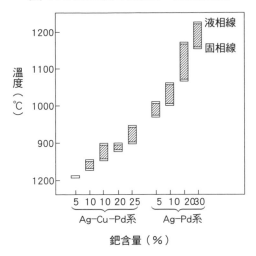

圖4-56 鈀硬焊料的液、固相溫度

將鈀與其他焊料混合，即便只添加少量鈀也可明顯改善潤濕性。例如在銀硬焊料中添加10％左右的鈀，可使對鎳－鉻合金的接觸角接近0度，性質非常優秀。

此結果可使填角料易於成形，且接頭焊接處的間隙大小也影響不大，方便焊接作業。其優點為對母材的晶界析出少，在薄壁材料中亦可使用。此材料蒸氣壓低，因此用在真空管及電子相關焊接中也相當方便。調整鈀的成分比例可製成溫度範圍800℃～1230℃的材料，可依用途選擇最佳材料。圖4-56為銀－銅－鈀系與銀－鈀系合金中各種鈀含量的的固相線、液相線。

（4）金軟焊料

軟焊使用於構成電子設備的半導體元件組裝或零件接線中。由於電子零件小型化，焊接的零件變小、焊接處變多、需要3D焊接的地方也隨之增加，故焊料的潤濕狀態、熔解量、擴散厚度等焊接處品質會大幅影響電子零件的性能。電子零件使用的軟焊料種類多元，有金系、銀系、錫系、鉛系、錫－鉛系、銦系等，這裡用金系軟焊料稍做說明。金雖然價格昂貴，但擁有良好的耐蝕性及導電性，易與半導體矽晶片共晶接合、信賴性高，故使用金做為軟焊料。

圖 4-57 典型的金系軟焊料

組成（％）								熔融溫度（℃）	
Au	Ge	Se	Sn	Sb	Ga	In	Pb	固相	液相
93.0	7.0							356	780
88.0	12.0							356	356
98.0		2.0						370	1000
96.85		3.15						370	370
80.0			20.0					280	280
75.0			25.0					280	330
99.0				1.0				360	1020
75.0				25.0				360	360
99.0					1.0			1030	1025
84.5					15.4			341	341
73.3						26.7		451	451
71.0			20.0				9.0	246	383

圖 4-58 IC晶片組裝例

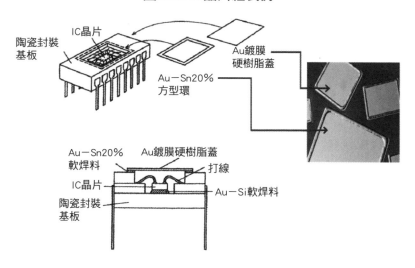

122

圖 4-59 金－錫合金的接合

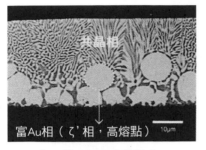

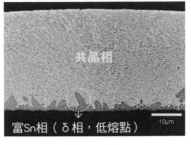

金－錫20%合金的接合　　　　　　金－錫21.5%合金的接合

左方由於在共晶點熔融，造成其合金組織較右方異常。

在半導體矽晶片採用的黏晶法中，有透過蒸鍍或鍍膜形成金膜，將基板在氮氣中加熱至400℃～440℃左右，放上矽晶片後一邊施以震動一邊施加壓力，使其形成金－矽共晶層的接合法；以及將矽晶片與基板中間的金－矽合金製軟焊料加熱熔融的接合法。金焊料主要使用的材料為金與矽2%亞共晶組成的顆粒，除此之外亦使用金－矽1～3%合金、金－鍺4～12%合金、金－銻0.01～1%合金、金－錫20%合金等。**圖4-57**為金系軟焊料的材料種類。

圖4-58為IC晶片與陶瓷封裝基板的接合，表面以鍍金的硬樹脂蓋密封。陶瓷基板與IC晶片間使用金－矽2%合金軟焊料接合，鍍金硬樹脂蓋周圍的接合則使用金－錫共晶合金，將此合金比例稍微偏離共晶點，取錫21.5%為最佳比例（**圖4-59**）。這是由於硬樹脂蓋上有鍍金，焊接時會連帶熔出鍍膜中的金，使含金量增加並達共晶點之故。

手機中使用的表面聲波濾波器的震盪器中亦使用金軟焊料焊接。

4.7 醫療用材料

（1）牙科材料

　　早在西元前4～5世紀時人類便已將貴金屬用於假牙中。據說當時使用動物的牙齒或骨頭來代替人的牙齒，並以金環將其固定。

　　現代的貴金屬假牙中，有填補並修復蛀牙缺損部分的嵌體，以及當缺損處過大時將材料做成冠狀戴在牙齒上的牙冠。缺少1、2顆牙齒時的修補則使用牙橋，牙橋是以缺牙處兩旁牙齒為支撐點架成橋狀的假牙，橋狀部分則使用彈性材料以固定假牙。

　　假牙是放入口中的東西，故材料必須無毒且具備耐蝕性，不為唾液或口中各種食物所腐蝕。貴金屬不僅耐蝕性非常優秀，且就細胞毒性而言一般亦認為鉑、鈀不具毒性。

　　由於假牙會碰觸到人的舌頭及嘴唇，因此不能讓人感到不適。為保證牙科材料對人體安全無虞，在日本製造時必須提出申請並取得厚生勞動省（譯註：類似我國衛服部）管轄機構認可，需要提出實際生產成果報告並接受現場稽查。

　　假牙所使用的材料必須具備前述特性，且擁有可充當牙齒使用的可鑄性及精密加工性，亦需能進行表面拋光，並具有可承受60kgf／mm^{2}咬合力而不變形的機械強度。以下為符合前述條件，並依不同使用部位及功能選擇適合的合金後，經過加工及熱處理等工序開發出的材料。

①鑄造用合金

　　鑄造用合金用於填補牙齒缺損部分的嵌體、支撐用的牙橋，以及假牙托中需高強度的部位。如欲精密製造出符合使用者的齒模形狀，使用脫蠟鑄造法比機械加工更適合。此法首先以印模材料從患者口中直接取得立體齒模的陰模，再根據此陰模將齒形重現。將重現齒形用的蠟灌入製作模具用的環中，以水溶解石膏或陶瓷製成鑄模材料，將其完全填滿並包覆蠟的

周圍，乾燥後於電熱爐中燒結，蠟在電熱爐中溶化後流出，留下印有牙齒形狀的空模具。將熔融的貴金屬合金倒入此模具中即可製造出與牙齒形狀一模一樣的貴金屬製精密假牙（請參照5-1（6）的脫蠟法）。

最基本的鑄造用合金為金－銀－銅合金，另加入鉑或鈀等金屬混合成合金可提高機械強度。亦有縮小其晶粒並添加微量銥、釕以提高韌性的合金。金－銀－鈀合金則多用於前述假牙中。**圖4-60**為鑄造用合金使用範例。

②加工用合金

牙科用的卡環為支撐假牙用的零件，以加工成線材或板材的合金製成，此材料需要具備強度及彈性。意即需要擁有高彈性模數（楊氏模量）與良好的可焊性且可彎曲，有良好的塑性加工性，一般使用金70％－鉑6％－銀6％－銅13％－鎳5％的金鉑合金。此材料偏位降伏強度為74.9kgf／mm^2、彈性極限應力56.6kgf／mm^2，擁有極為優秀的彈性模數。除此之外亦有使用金12％－銀－鈀合金線（偏位降伏強度63.7 kgf／mm^2、彈性極限應力48.1 kgf／mm^2）。

③烤瓷牙冠用合金

金、銀、鈀等金屬假牙與其他牙齒排在一起時，會讓人覺得顏色不協調。雖然以前似乎也曾經有過對裝金牙感到自豪的時代就是了……現代則為了讓假牙配合周圍牙齒顏色，會在牙冠的金屬表面上燒製一層陶瓷，使

圖 4-60 鑄造用合金

編號	種類	組成（%）					
		金（Au）	銀（Ag）	銅（Cu）	鈀（Pd）	鉑（Pt）	鋅（Sn）
1	軟質	79～92.5	3～12	2～4.5	<0.5	<0.5	<0.5
2	中間	75～78	12～14.5	7～10	1～4	<1	0.5
3	硬質	62～78	8～26	8～11	2～4	<3	2
4	局部假牙	60～71.5	4.5～20	11～16	<5	<835	1～2
5	硬質	65～70	7～12	6～10	10～12	<4	1～2
6	局部假牙	60～65	10～15	9～12	6～10	4～8	1～2
7	局部假牙	28～30	20～30	20～25	15～20	3～7	0.5～1.7

其從外觀上難以辨別是真牙或假牙。烤瓷牙冠的合金材料必須與陶瓷附著良好、熱膨脹係數相近，且具備高彈性模數與優秀的耐蝕性，條件極為嚴苛，故一般難以製作。添加微量錫或銦鑄造後使其表面生成氧化物，表面氧化物與陶瓷中的氧化物成分形成化學鍵結，使附著度增加並緊密結合（圖4-61）。圖4-62為典型的瓷牙冠燒製用合金組成舉例。

除了這些材料之外，亦有使用價格便宜的鎳－鈷系，鈷－鉻系卑金屬合金製成的假牙，但耐蝕性不足，在信賴性方面不及貴金屬。

最近的人工牙根使用磷灰石及陶瓷製成，植體材料則使用鈦合金，但貴金屬材料仍被大量使用。

圖4-61 表面烤瓷的假牙剖面示意圖

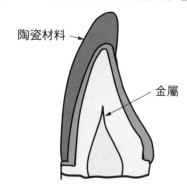

陶瓷材料

金屬

圖4-62 烤瓷牙冠用合金

合金	組成範圍（mass%）								彈性模量
	Au	Pt	Pd	Ag	Cu	Sn	In	其他	
Au－Pt－Pd系	74～88	0～20	0～16	0～15	—	0～3	0～4	Zn＜2	90
Au－Pd系	45～68	0～1	22～45	—	—	0～5	2～10	Zn＜4	124
Au－Pd－Ag系	42～62	—	25～40	5～16	4～20	0～4	0～6	Zn＜3	110
Pd－Ag系	0～6	0～1	50～75	1～40	—	0～9	0～8	Zn＜4 Ga＜6	138
Pd－Cu系	0～2	0～1	66～81	—	4～20	0～8	0～8	Zn＜4 Ga＜3～	96

④牙科用汞齊

水銀與金、銀、鐵、鉻、鈷、鉑等金屬混合成合金後可製成汞齊，英文Amalgam在希臘文中意指「柔軟物」。

JIS規格中規定汞齊成分以銀－錫為主，混合金、鈀、銅、鋅、銦與水銀，且水銀成分必須低於3％。

銀含量多的汞齊中常見的有銀≧65％、錫≧25％、銅≧6％、鋅≦2％、水銀≦3％的合金，此合金用於填補蛀牙，但使用期間可能產生因為錫的硫化物（Sn_2S_3）為主的成分導致變色，故用於肉眼看不見的臼齒部位。

將銀－錫－銅－鋅合金熔解後以霧化法噴成粉末，治療時將此粉末與水銀混練成黏土狀後填入臼齒缺損處中進行修補。修補過程簡單方便，以前經常使用，但由於有機水銀化合物過去曾引發中毒問題，對使用水銀進行補牙感到排斥的患者亦開始增加，因此目前亦使用複合樹脂系材料的填充劑代替水銀。填補材料中除了汞齊以外，還有純金的箔及粉等材料。

⑤其他合金

典型的金-鈦合金為二元合金，為了盡量減少可能造成過敏的金屬離子溶析出來，故以耐蝕性高的金為主成分，並混合了對人體影響較小的鈦1.6～1.7％提高強度。也有一些材料是使用添加了微量銦的合金。此合金材料在固溶化處理後可析出硬化。無論直接鑄造使用或機械加工後使用都具備高強度，適用於嵌體、牙橋、金屬牙托、烤瓷牙冠等所有用途。其熱膨脹係數與傳統的烤瓷牙冠材料幾乎相同，添加鈦可提升其與陶瓷材料的結合度、耐蝕性亦佳，金屬離子的流出與純鈦相比減少為1／5左右。

⑥牙科用硬焊料

前述材料中使用各種硬焊料做接合，硬焊料的熔點必須比母材低。如**圖4-63**，烤瓷牙冠用硬焊料有金含量90％及79％的合金，並添加銀、鉑、錫等金屬，熔點稍高，液相線溫度分別為1115℃、1070℃。

適合用於K18、K16、K14等各種克拉金（對應各種含金量比例的名稱）的合金焊料與一般硬焊料相同，為含有銀、銅、鋅、銦的低熔點焊料材。除此之外還有金－銀－鈀合金用硬焊料（液相線溫度820℃、固

圖 4-63 牙科用硬焊料的組成與熔融溫度

種類	組成範圍（mass%）							溶融溫度 T／℃	
	金 (Au)	銀 (Ag)	鉑 (Pt)	鈀 (Pd)	銅 (Cu)	鋅 (Zn)	其他	液相線	固相線
烤瓷牙冠用硬焊料	90.0	5.5	2.0	—	—	—	Sn	1115	1055
	79.0	17.8	1.0	1.0	—	—	In、Sn、Cu	1070	1015
K18	75.0	5.5	—	—	10.5	7.0	In	805	730
K16	66.7	11.0	—	—	11.0	9.3	In	770	700
K14	58.5	14.5	—	—	14.5	10.5	In	765	695
金-銀-鈀合金用	20.0	31.0	—	15.0	25.0	6.0	In	820	770
銀硬焊料	—	56.0	—	—	22.0	17.0	Sn：5	665	—

相線溫度770℃），以及銀－銅－鋅－錫合金（液相線溫度665℃）等。

（2）抗癌藥

醫師在發現患者確診癌症時，會依照癌症部位及症狀進展等不同狀況綜合考量後做出判斷，選擇放射線治療、透過外科手術將患部摘除、兩者併用或藥物治療等各種治療方式。理想的治療方式為對患者身體負擔小、費用便宜且效果良好。

順鉑（Cisplatin）是非常有名的鉑系抗癌藥。1978年由加拿大及美國製造並獲核准，開始用於睪丸癌及其他多種癌症療程中。日本於1983年核准順鉑，並將其用於胃癌等多種癌症治療中。但順鉑雖對癌症效果顯著，但同時具腎毒性，且有嚴重嘔吐等強烈副作用，給藥時需配合考慮如何抑制副作用。

為解決此問題，藥廠著手研究新的鉑系化合物，開發出對腫瘤的療效與順鉑幾乎相同，且腎毒性較低的鉑系抗癌藥卡鉑（Carboplatin），並開始於歐美及日本等地使用。日本開發的鉑系抗癌藥奈達鉑（Nedaplatin）擁有相同效果，用於日本國內。

已故的名古屋市立大學名譽教授喜谷喜德教授發現鉑系化合物「奧沙利鉑」（Oxaliplatin，1-OHP），1996年於法國，其後在英國、德國等歐盟

各國，接著在美國、日本陸續獲核准，現在全球皆將其用於大腸癌治療中。

奧沙利鉑與前述3種鉑系化合物的構造不同。以往的鉑系抗癌藥為鉑與氨形成配位，奧沙利鉑則為二價鉑與反式1、2-二氨環己烷（順式－（（1R、2R）-1、2-二氨環己烷-N、N'）的配位構造，性質特異具光學活性。

奧沙利鉑的結構具鏡像關係，為光學異構物中的RR異構物。由於僅RR異構物具療效，故奧沙利鉑的生產過程中，光學異構物中另一種SS異構物的含量被嚴格管控。

圖4-64為奧沙利鉑療效案例，圖中是對從大腸轉移至肝臟的癌症部位用藥後進行電腦斷層掃瞄的結果，可觀察到肝臟恢復情況。

使用順鉑治療中若癌細胞產生抗藥性而失去療效時，使用奧沙利鉑仍可對該癌細胞產生療效。使用順鉑治療完畢後復發或順鉑完全無療效時，亦可使用奧沙利鉑進行治療。

目前奧沙利鉑在日本已投入實際使用，商品名稱為Elplat，已知與其他抗癌藥併用可進一步提高療效，為癌症患者的一大福音。

圖 4-64 大腸癌治療結果

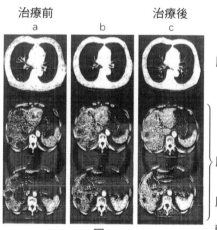

治療前　　　　　治療後
a　　　b　　　c

肺部電腦斷層掃瞄

肝臟電腦斷層掃描

肝臟轉移部位

陰影部分

肝臟轉移部位

轉移部位變小

圖4

a：L-OHP／5-FU／1-LV 治療前
b：L-OHP／5-FU／1-LV 治療後 （2次療程）
c：L-OHP／5-FU／1-LV 治療後 （5次療程）

（3）心血管系統材料

　　為了減輕心血管疾病及腦部疾病患者的負擔，近年來開始採用以支架（圖4-65）或栓塞線圈進行治療的的血管內治療法。

　　從大腿根部、手腕、手肘等部位的動脈中插入直徑2mm的細導管，進入心臟或大腦內部注入顯影劑便可正確掌控患部所在位置，因為有了這項技術，才能夠進行血管內治療法。X光能夠清楚拍下金及鉑，用於導管中可追蹤導管前端位置。

　　前述檢查中發現腦動脈瘤時，傳統治療方法中由外科醫師進行開顱手術，將長了腦動脈瘤的血管夾閉以阻絕血流；現在則有栓塞手術，不用開顱即可進行治療。栓塞手術中在腦動脈瘤或腦動靜脈血管畸形等病灶處塞入對人體無害的人工物質，使其固化後可預防腫瘤破裂，鉑合金製細線在這種治療方式中有著重要作用。

　　前述填堵物中使用具柔軟度的鉑合金線（鉑－鎢8％合金等）。從大腿根部插入直徑約2mm的導管，在導管中通入直徑0.5mm的微導管送至血管內的患部，從微導管中推出鉑系合金線填堵後將其分離，血栓形成後自然凝固，可預防破裂。

　　此填堵物需在X光透視中容易識別，即材質需要高密度且耐蝕性良好，對人體無不良影響，具柔軟度，能與動脈瘤形成一致形狀，鉑合金線符合前述特性因此用於填堵物中。然而鉑合金線的血液凝固能力並不高，故填堵必須確實，但若過度填堵可能反而導致動脈瘤破裂，故治療時必須十分謹慎。

　　冠狀動脈的作用是將養分輸送至心臟，如硬化會導致血液流通不順並造成狹心症，近年來主流治療方法為使用導絲與導管進行血管內治療。此

圖4-65 血管擴張用支架

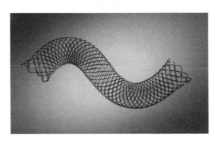

療法分為心導管氣球擴張術與支架放置術，支架則以不鏽鋼及形狀記憶合金等材料製成，亦有使用貴金屬。

（4）心律調節器

　　健康者的心跳每分鐘約70下左右。心律不整時會降至20～30下，並導致目眩、呼吸困難、心悸，嚴重時可能失去意識，此症狀稱為徐脈。如置之不理可能引起心臟衰竭等併發症，甚至造成心跳停止。

　　心律調節器為一種小型醫療機器（圖4-66）。將其植入鎖骨皮下，電極前端放入心肌中刺激心臟，使心臟產生必要的心肌收縮，讓過低的的心跳恢復正常數值。

　　植入手術費時約30分鐘～1小時，術後1週左右可出院，再經過約1週後傷口復原即可回復正常生活。

　　心律調節器的本體由電容及IC電路所構成，從電路中送出的電訊號在通過長40～50cm、直徑數mm的軟細導線後抵達前端電極，並對心臟肌肉施加刺激。此電極中使用鉑－銥10％合金或鈦等材料。

圖 4-66 心律調節器（植入式）

外觀

心律調節器電極

（5）體外診斷醫療器材、快篩試劑組

　　為能早期發現疾病，可簡便、快速完成診斷的體外診斷醫療器材最為理想。

　　傳統初篩診斷中使用EIA（酵素免疫分析）法定量檢測樣本中所含的抗體或抗原，但此法有以下問題：①操作者必須具備熟練的操作技術、②

需要特殊設備，無法簡便且快速地完成檢測。最近則開始廣泛使用側流檢測，可簡便快速地檢測出是否感染流感病毒、有無懷孕及過敏原。側流檢測雖簡便快速，但靈敏度（檢測極限）較低，僅用於健康檢查及初篩中，不適合用於精密檢測及復發檢測的早期診斷中。

PSA（前列腺特異性抗原）為前列腺癌標誌物，實際上在診斷試劑組中，側流檢測法的檢測極限為4ng／ml（ng為10億分之1克），但考量到年齡、家族病史、觸診等因素，精密檢測中的檢測極限範圍必須達0.5～2ng／ml、復發檢測中則必須達0.2～0.5ng／ml，故側流檢測法試劑不足以用於前列腺癌的早期診斷及預防復發。此法為利用毛細現象，其優點為可於短時間內快速檢測出血液等檢體中是否含有抗體或抗原，缺點則為靈敏度未達早期診斷所需標準，必須進一步提高靈敏度。

基於前述需要，開發出了新型側流檢測法診斷試劑組。將金溶膠粒子製成60nm左右均勻大小的顆粒，金溶膠固定住抗原或抗體時會因電漿共振效應而使顏色改變，利用此現象可提高檢測靈敏度。

圖4-67為此診斷試劑組的檢測原理與檢測範例。此診斷試劑組可特定檢測出高病原性禽流感病毒H5N1，亦可檢測出食品中是否含有豬肉，故不僅臨床現場，亦可望用於各種稽查現場的快速、高靈敏度檢測組中。

圖 4-67 診斷試劑組檢測原理與檢測範例

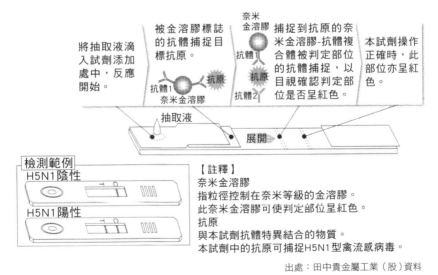

出處：田中貴金屬工業（股）資料

4.8 其他化學工業應用材料

（1）化學纖維紡絲噴絲頭

　　人類最早製造出的人造纖維（再生纖維）是以木漿為原料製成。在氫氧化鈉中浸泡木漿使其膨脹成為鹼纖維素，與二硫化碳反應形成黃酸鹽後，再次將其溶於氫氧化鈉中。將此原液從金－鉑合金製紡絲噴絲頭底部開的小孔中擠出後，於硫酸鋅、硫酸鈉等稀硫酸溶液中使其凝固為細纖維（**圖4-68**）。之後經過洗淨、漂白等工程即可製成嫘縈纖維。

　　紡製嫘縈纖維時使用的裝置即為紡絲噴絲頭（噴嘴或紡嘴）。

　　長纖維用的噴絲頭直徑 $\phi 9 \sim 12.5mm$，附法蘭的圓筒狀噴絲頭底部開有數個至數百個直徑0.06～0.08mm的小孔，如**圖4-69**所示呈缽狀，開口寬廣，下方的直線部分稱為毛細管。

　　短纖維（staple fiber）用的噴絲頭為附法蘭的帽狀物體，其中小孔的形狀與尺寸相同，孔數有數千至數萬，噴絲頭的直徑為 $\phi 24 \sim 120mm$，取決於不同裝置的規模及孔數。短纖維用噴絲頭（**圖4-70**）的孔數多，故使用較大的噴絲頭，或將多個小噴絲頭合而為一製成集束噴嘴。

　　噴絲頭材料需要具備的性質，包括可精密加工成細孔的機械加工性與強度，以及擁有可將噴出部分邊緣做銳利加工的微細晶粒組織，且對酸、鹼雙方皆必須具備耐蝕性。

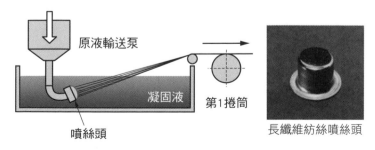

圖4-68 紡絲裝置的構造

原液輸送泵

凝固液

第1捲筒

噴絲頭

長纖維紡絲噴絲頭

以氫氧化鈉溶解的原液中，為了賦予纖維更多特性會添加鈦氧化物微粒，此微粒硬度高易使小孔磨損，若噴絲頭耐磨損性不足，會導致纖維尺寸產生偏差。此外，其機械強度必須能夠承受紡絲時的噴出壓力。金－鉑合金為同時具備前述特性的材料。此合金的特徵為經固溶化處理後，於軟化狀態下透過深引伸加工製成噴絲頭形狀，且底部小孔加工完成後透過析出硬化處理可提高強度。

日本使用金－鉑40％合金製作噴絲頭，其他國家則使用在金－鉑40～50％合金中添加0.5～1％銠的合金或鉑-銠10％合金。**圖 4-71** 為目前使用的金-鉑合金主要種類。添加銠的目前為將晶粒微化並提高韌性。

如果為了提高生產性而增加每個噴絲頭中的孔數使其密集排列，則孔與孔的間隙變小，加工上有其極限。並且凝固時稀硫酸等凝固液會無法與每一條纖維均勻接觸，造成有部分地方未凝固，導致擠出的原絲成為瑕疵品。為了製造各種纖維，孔的形狀與排列皆經過許多設計，例如盡可能將

圖 4-69 噴出孔剖面形狀

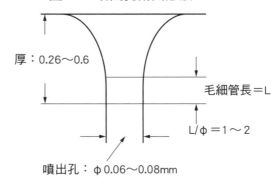

厚：0.26～0.6

毛細管長＝L

L/φ＝1～2

噴出孔：φ0.06～0.08mm

圖 4-70 短纖維紡絲噴絲頭

圖4-71 主要合金種類的機械性質

合金	Au（%）	Pt（%）	Rh（%）	密度（g／cm³）	硬度（HV）	拉伸率（%）	抗拉強度（Mpa）
Pt－Au	40	60	－	20.1	150	30	58
Pt－Au	50	50	－	20.4	185	20	60
Pt－Au－Rh	50	49	1	20.3	170	25	55

噴絲頭縮小，並考慮在狹小的底面積中要如何才能排列更多孔，以及要如何才能使其均勻凝固等。

紡絲時原液中的添加物或雜質可能使噴絲頭的小孔堵塞令纖維尺寸及形狀、噴出量改變，且紡絲壓力上升可能造成噴絲頭變形，以及底面發生龜裂導致漏液。

（2）不溶性電極

在液體（水溶液、熔融鹽、熔融金屬）中放入2根電極，對電極間施加電壓後，液體中的化學物質會因電極間的電子移動而產生化學反應。電源的正極（anode）側中發生氧化反應（失去電子），另一側負極（cathode）側中則發生還原反應（獲得電子）。透過此反應，原本的物質會被化學分解，稱為電解。透過電解生成的物質有2種現象，一是殘留在溶液中，二是在電極上析出或汽化後成為氣體而從液體分離。前述電解的原理有許多應用，例如從原本的原料中製造出其他物質，或在溶液中萃取出金屬以獲得高純度金屬，亦可用於電鍍中。

製鹼工業中使用離子交換膜電解法，從濃食鹽水中製備氫氧化鈉與氯。陽極所使用的電極，是以釕氧化物系為主的貴金屬氧化物燒製後被覆於鈦電極上製成。其理由為銥氧化物對食鹽電解液的耐蝕性佳且氧過電壓低，消耗電力亦較少。為了進一步減少電力消耗而持續進行開發以降低氧過電壓，並開發出鈀氧化物系、鉑－銥合金系、鉑－銥氧化物系等電極。此外，鍍鉑／鈦的電極被廣泛應用於無隔膜電解食鹽法中，此法中不使用直接電解海水用的隔膜。之後透過使用耐蝕性良好，電流效率佳，且可降低槽內電壓的氧化鈀系、鉑-銥氧化物系材料，電極的每年電力消耗減少了20 ～ 25％。

為取代以往用於淨化供水道及下水道的高壓液化氯注入法，開發出利用電解的高電流效率製造裝置。為改善其電流效率而開發出從食鹽水中製備次氯酸鈉水用的氧化釕系電極，可從不到3％的低濃度食鹽水中製備出高濃度的次氯酸鈉水溶液。

一般鋼板表面鍍膜中，使用錫或鋅的連續高速鍍膜鋼板用的對電極，或鋅的電解回收及銅的電解精煉用的二氧化鉛電極。對鋼板進行錫的高速鍍膜中的對電極使用鍍鉑／鈦電極，鋅的高速鍍膜對電極則使用鉑－銥系氧化物／鈦燒製電極。鉑系元素的燒製電極耐蝕性佳且氧過電壓低，運轉時能夠有效節能省電。

除此之外，在燃燒石油或煤炭時會排放煙氣，使用煙氣脫硫裝置可去除並淨化煙氣中的亞硫酸氣體（SO_2）等有毒氣體。此裝置中將含有亞硫酸氣體的煙氣以氫氧化鈉（NaOH）水溶液洗淨後成排放液，此排放液的主成分為硫酸鈉（NaSO4）的水溶液。將排放液以隔膜法電解後可製備氫氧化鈉與硫酸，此再生製程中使用鈦／鉑系元素氧化物系的燒製電極。

前述電極亦用於電鍍塗層、熱水器儲水槽中的電解防蝕，及游泳池儲水槽殺菌中。我們身邊最常見的設備中，有可製造鹼性離子水與酸性水的一般家庭淨水器，以及循環式恆溫浴缸皆普遍使用鉑系元素氧化物／鈦電極（**圖4-72**）。

圖4-72 鹼性離子水製造原理

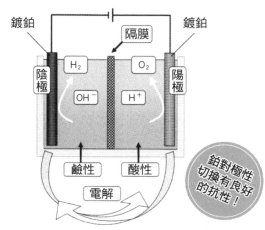

透過切換極性（陽極、陰極）抑制礦物質附著

（3）化學分析用坩堝、蒸發皿

說起化學分析用的坩堝及蒸發皿，最容易聯想到的應該就是理化實驗用的實驗器具了。坩堝常用於高溫中將物質熔解，故其材質必須具備可承受該溫度以上的耐熱性，多使用如氧化鋁、氧化鋯、氧化鎂等陶瓷製成。但在各大領域分析裡的樣本處理過程中，JIS規格大多有規定必須對強熱處理後的殘留物進行分析，或以硝酸及鹽酸等酸液將其溶解等處理。在進行這類處理時不希望坩堝成分混入樣本中，故依不同處理條件，選擇在高溫中性質穩定，且不易為酸等化學藥劑所侵蝕的鉑、金、銥等貴金屬製坩堝，並廣泛應用於分析化學領域中。

尤其鉑製坩堝及蒸發皿擁有良好的化學穩定性、耐熱性及耐藥品性等特性，被廣泛用於鋼鐵、混凝土、陶瓷的品質管理分析，以及環境、食品、醫藥品等各大領域中。

鉑在高溫中遇氟或氯會生成鹵化物，可能造成坩堝損傷，因此需要清楚理解坩堝與內容物的反應性後再行使用。此外，鉑坩堝在熔解鉀、鈉等金屬的鹼性氧化物或過氧化物時可能形成氧化鉑，故此類處理宜使用金。

另外，如將附著了油分或有機物等外界污染的坩堝直接加熱，可能產生具還原性的碳，亦或加熱裝置的火燄本身為高溫的還原燄時，熔解後的分析樣本中氧化物會被還原為金屬。被還原的金屬擴散至鉑中生成低熔點合金，可能導致鉑熔化，或雖未熔化但變脆並產生裂縫或破裂，故保持坩堝清潔極為重要。

前述問題可透過謹慎操作來加以預防，但另一個根本上的問題是鉑系金屬曝露在1000℃以上高溫的氧氣環境中會發生氧化揮發現象。

揮發物在高溫中雖為蒸氣狀態，但溫度變低後會與氧解離變回鉑粒子並混入待分析物中成為雜質，故操作時必須小心注意。

（4）X射線螢光分析樣本製作用珠皿

名稱裡的珠即字面上的意思，指玻璃珠。這裡指的是X射線分析中所使用的樣本。在健康檢查時拍X光時經常聽到X射線，此X射線亦可應用於各種領域中。X射線中有「固有X射線」，亦稱「特性X射線」，為各元

素特有的 X 射線。因此只要測定樣本中的特性 X 射線，即可確認樣本的元素組成或 有何種雜質，再比較 X 射線強度可得其定量值。一般以標準樣本為基準，兩者比較後定出分析值。其分析法之一為 X 射線螢光分析法，主要用於金屬、水泥、石油工業的原料分析中，亦用於環境、醫學等方面，應用極廣。

　　玻璃珠為此分析法中的樣本，可供確認其組成元素及品質好壞。由於樣本表面狀態會影響分析結果，故理想上樣本需要盡可能保持相同狀態。製作此分析樣本時使用珠皿（**圖 4-73**），而樣本不用說必須具備均勻性。具體而言，以 1000℃ 以上高溫熔解使待測物玻璃化，並注意勿使其破裂，待其緩慢冷卻固化後即為樣本。此時大多以樣本與珠皿底部的接觸面為測定面，故此面需平坦且如鏡面般光滑。

　　因此珠皿的內面亦需平坦且光滑如鏡。從皿中取出固化後的樣本時如無法順利取出時會造成珠破裂或產生瑕疵導致表面狀態受損。因此珠皿材質需能使珠順利取出（意即不易為玻璃潤濕）。透過接觸角（或潤濕角），可定量測得材料是否容易潤濕。表面能小的物質不易潤濕，液體附著時接觸角大。相反地，表面能大的物質易潤濕，液體附著時的接觸角小。鐵氟龍等拒水性材質的表面中接觸角將近 180°，液滴幾乎呈球狀。一般而言，穩定的物質原子鍵結強，表面能小且活性低，故不易與其他物質產生反應（例如氧化）。且表面有光澤的固體，其接觸角通常比表面無光澤的固體更大。潤濕現象具遲滯特性，液體在擴散時的前進接觸角，會大於吸出液體使其面積減少時的後退接觸角。

圖 4-73 珠皿

圖 4-75 各種珠皿材質與玻璃的接觸角

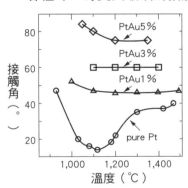

圖 4-74 鉑-金合金與玻璃的接觸角

1,300℃

1,200℃

1,100℃

1,000℃

　　圖 **4-74** 為不同溫度中鉑與玻璃的接觸角。如圖所示，溫度愈高，鉑愈容易為玻璃所潤濕，故珠皿需選用不容易潤濕的材質。

　　圖 **4-75** 為不同溫度中鉑－金合金與玻璃接觸角的關係圖，並與鉑做比較。圖中清楚可見，鉑－金合金中的金愈多，其與玻璃的潤濕性就愈差。但金含量愈高時合金熔點下降，金愈容易熔出。故以金含量 5% 的合金為最佳比例，鉑－金 5% 合金為一般最常見的珠皿材料。

（5）氫氣精煉設備用鈀－銀合金

　　鈀擁有其他金屬所沒有的性質，能夠吸附自身體積近 1000 倍的氫，且擴散速度快，能使氫迅速滲透。氫氣精煉設備中利用此特性以提煉高純度氫，其氫氣滲透膜使用管狀或片狀的薄鈀合金膜製成，將厚約 $10 \sim 70\mu$m 的鈀－銀 $23 \sim 25\%$ 合金片材捲成圓筒狀；或將一端熱封的管材，

圖4-76 鈀製氫滲透設備構造

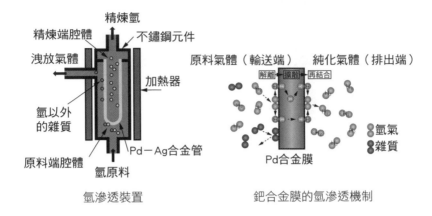

氫滲透裝置   鈀合金膜的氫滲透機制

圖4-77 氫的精煉溫度與精煉量

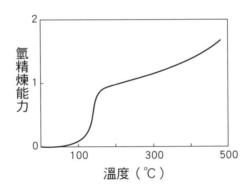

與另一側的氫氣提取口密封接合製成。

薄膜其中一面通入氫氣原料並加熱至200～300℃後，與鈀－銀合金管表層接觸的氫氣分子在鈀的催化作用下解離為原子狀，與鈀形成固溶體後被吸入鈀－銀合金中。被吸附的氫會因壓力而產生濃度梯度。讓氫氣通入端的壓力高於提取端可促使氫擴散，並於提取端表面再次結合為氫分子，氣化後可提取出高純度氫氣。簡單來說，此設備可將氫以原子狀態分離並精煉，故可獲得純度極高的氫（**圖4-76**）。氫氣原料中所含的雜質則殘留在鈀－銀合金管的氫氣通入端表層中。

實際應用中，此鈀－銀合金薄膜不容許有分子等級的小孔存在，且欲

將高純度精煉後的氫氣維持原本純度運送，其配管技術等需要高度管理技術。原料純度99.95％的氫透過此製程，可製備出純度99.9999999％的超高純度氫。

圖4-77可見使用鈀－銀合金膜時的氫精煉量與溫度的關聯性。如使用純鈀，在200～300℃溫度下反覆精煉過程中會使材料脆化壽命縮短，故加入銀混合成合金，可緩和脆化的同時也可提升滲透率。

（6）防靜電用超細鉑纖維

超細鉑線的生產一般用模具做抽製加工製成，可得直徑約10 μm的細線。將鉑線放入銅管中可抽製成更細的沃拉斯頓線，自古以來便十分有名，但此法費工不適合大量生產，僅用於部分特殊用途中。

最近，直徑0.1～0.5 μm的超細鉑線成功達成量產，並開發出使用此類纖維的特殊產品。

在以醫藥品為首的各種藥品及食品製造中，會在－100℃到230℃左右的溫度範圍中進行化學藥液的反應、溶解、混合，以及粉末乾燥等程序。混合及反應程序中使用以鋼或不鏽鋼焊接製成的大型裝置與攪拌棒。化學藥液會在此容器中產生反應，故內側為雙層結構，被覆著不易與化學藥液起反應的琺瑯玻璃。與鋼或不鏽鋼接觸的部分被覆著易潤濕的玻璃底塗層，厚約0.2～0.4mm。底塗層上方的面塗層厚0.8～2.0mm，使用耐藥品、耐機械衝擊與磨損，能抵抗熱衝擊且平坦光滑的多成分玻璃製成。

由於玻璃為電絕緣體，攪拌內容物時會因摩擦導致靜電累積，運轉中的機器有時會因放電而發生小規模爆炸，有時甚至會引發大爆炸造成災害。為防止帶電，在琺瑯玻璃中混練微量的超細鉑纖維，透過其導電性將靜電逐步釋放，可防止爆炸危險（**圖4-78**）。

此處使用的超細鉑纖維直徑為$0.5\,\mu$m（圖4-79），將微量的鉑纖維與釉藥一同混練後均勻分散於琺瑯玻璃中，提高強度的同時還可逐步釋放靜電以避免爆炸發生。

圖4-78 靜電放電

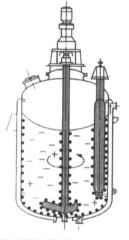

逐步釋放攪拌器內的靜電

圖4-79 直徑$0.5\,\mu$m的超細鉑纖維（長50～100mm）

10μm

4.9 裝飾材料

（1）貴金屬錠的品位保證

　　金、銀自古以來便使用於裝飾品中，而近年用於裝飾品的鉑系元素亦開始增加。貴金屬製品必須可正確證明其貴金屬含量品位，否則將失去信譽，因此各國皆定有純度印記以保證其品位。起源為英國，在約1300年前製造、販售劣質貴金屬的業者猖獗，當時的英國政府為了保護消費者並取回出口商品的信任，召集了優秀的金匠（goldsmith）於倫敦市內組成金加工業者合作社，製造的商品由愛德華三世予以王室認證，對商品打上製造商標誌、年號及豹頭紋章（由豹或獅子的臉以及皇冠所組成的紋章圖案）做為商品的品位證明，並建立起信賴關係。

　　目前普及至各國的貴金屬品位鑑定，由各國政府或政府核可的分析機構實施分析，並根據分析結果對個別製品刻上印記以證明其純度。日本的品位鑑定由獨立行政法人造幣局實施。

　　在此歷史背景下，為建立國際市場中認可的高度信譽，1987年正式成立了世界黃金市場中最具權威的倫敦黃金市場登記認證機構「倫敦金銀市場協會（LBMA：London Bullion Market Association）」。金、銀市場中，由LBMA任命「認證審查公司（Good Delivery Referee，合格交割裁定者）」，負責登記熔煉業者並審查業者技術。通過技術審查後即可列名成為認證熔煉業者（Good Delivery：由LBMA理事長頒發登記證書），在國際市場中獲得莫大信譽。

　　銀行等金融機構、礦業公司、精煉業者、加工業者、收貨人、經銷商等，許多企業皆有加盟成為LBMA正式會員或贊助會員。合格交割名單與前述不同，金、銀分別另外造冊，截至2011年1月為止，名單內的合格交割者當中，金共有60家，遍及26個國家；銀則有70家，遍及24個國家。日本登記的合格交割者中，金有10家，銀有13家。全球金、銀錠市場中，在進行金銀的交易時必須維持最高水準的精煉技術及品質。故對精煉業者

而言，持續列席合格交割名單內可謂至關重要。

　　也由於此重要性，合格交割名單中於2004年起引進了再審查（Proactive monitoring，積極控管）制度，每3年分別重新審查其對金、銀的熔煉技術與分析能力，需合格後才可維持其認證資格。

　　合格交割裁定者則需具備更高水準的熔煉技術與分析能力。目前全球的認證審查公司僅以下5家：

　　①田中貴金屬工業股份有限公司（日本）
　　②蘭德精煉（Rand Refinery Limited，南非）
　　③賀利氏（Argor-Heraeus SA，瑞士）
　　④美泰樂科技（Metalor Technologies SA，瑞士）
　　⑤PAMP（PAMP SA，瑞士）

　　鉑、鈀市場中，則由登記認證機構「倫敦鉑鈀市場協會（LPPM：London Platinum and Palladium Market）」任命認證審查公司（目前有以下5家），負責登記並認定新的認證熔煉業者，並負起對現有的認證熔煉業者進行認證資格更新審查（2009年時引進再審查制度中規定每3年一次進行一次更新審查）的重責大任。

　　①田中貴金屬工業股份有限公司（日本）
　　②莊信萬豐（Johnson Matthey，英國）
　　③賀利氏（Argor-Heraeus SA，瑞士）
　　④美泰樂科技（Metalor Technologies SA，瑞士）
　　⑤PAMP（PAMP SA，瑞士）

　　國際市場中有此基本制度可保障貴金屬的正當品位，因此人們才能夠不受各國政治、經濟體制等狀況所影響，並普遍共享價值與信用。

（2）裝飾材料

①銀、銀合金

　　除了裝飾品外，銀亦使用於各種銀器，如盤子、湯匙、叉子、杯子等實用品中。研磨過的銀表面呈美麗的銀白色，這種白色是其他金屬元素中

沒有的。

銀在貴金屬中是電化學中離子化傾向最高的材料。銀的離子化傾向雖較銅或鋁低，但溶於硝酸、熱硫酸，且會與鹽酸、硒酸、次氯酸反應。在大氣中加熱不氧化，但易與硫反應，會與大氣中的硫化氫及亞硫酸氣體反應形成硫化銀，並從藍色變為褐色，再變成黑色。裝飾用途中會巧妙地利用這種硫化現象，調整成日文中被稱為「青貝色」、「赤貝色」、「中赤貝色」的美麗色彩，製成古樸雅致的工藝用銀箔。

銀的缺點為本身較軟，且常溫下會自退火導致軟化，改善方法是與同族的銅混合成合金使其硬化。在古代西元1300年，時任英格蘭國王的愛德華一世將銀－銅7.5％合金製成的標準銀（925合金：Sterling）定為標準品位，幾乎所有銀幣及銀製品皆用此材料製作。此外亦將銀－銅4.2％合金製成的大不列顛銀（958合金：Britania）定為第二標準品位，但由於硬度不足，不如標準銀一般普及。此外亦有貨幣中使用的造幣銀（900合金：Coin）以及含15～20％銅的合金（**圖4-80**）。

標準銀的材料在銀－銅合金中是比例非常巧妙的合金。銅含量低於6％則太軟，而高於8.8％又會導致耐蝕性變差。早在西元1300年時人類便已發現這種透過熱處理使其析出硬化的特殊合金，實在令人佩服（請參照6-3的析出硬化）。

將銅與銀混合成合金後能改善的僅為機械性質，耐硫化性非但不會改善，且銅超過8.8％後會形成共晶結構，反而使耐蝕性下降。銀與銅的合金在室溫中會分離為富銀相與富銅層（請參照第6章）並共存，此結構間

圖4-80 硬化性銀與銀、銀銅合金的機械性質比較

		硬度（HV）	抗拉強度（kgf／mm²）	拉伸率（％）
硬化性銀	退火材料	50～60	20～22	35～45
	內部氧化材料	135～155	50～57	10～18
銀	加工材料	70	25	10
標準銀	重加工材料	145	57	3
	退火材料	60	33	38
造幣銀	重加工材料	150	58	3
	退火材料	65	35	35

會形成自給電池並促進電化學腐蝕。

顏色方面，加入超過14％的銅會呈黃色，再繼續增加含量則轉變為紅色，在大氣中加熱後表面會氧化變黑，使用稀硫酸可輕鬆去除氧化皮膜並恢復金屬光澤。為改善前述耐蝕性，可加入鈀製成合金。鍍銠雖可有效防止表面變色，但僅限於表面層，如欲一同改善內部耐蝕性，則需加入離子化傾向比銀低的金屬混合成合金。過去英國及德國曾致力於改善銀的硫化問題，美國國家標準局歸納整理出的研究結果中得出以下結論：欲防止銀硫化，只能與其他貴金屬混合成合金，與鈀的合金中需要加入40％以上鈀、金需要70％以上、鉑則是60％以上。

除了銀－銅合金及銀－鈀合金以外還有使用硬化銀，硬化銀的銀純度可維持在99％而不會發生自退火現象。此合金為與1％以內的鎂或鎳等金屬混合製成，鑄造後透過中間加工使其內部氧化以提高再結晶溫度，並成為不易軟化的材料。

②金、金合金

金即使在大氣中加熱也不會氧化或變色。不為硝酸、硫酸、鹽酸等單質子酸所侵蝕，但會與王水、氫氰酸、氯、溴、碘化鉀等元素反應。且金是金屬中最富延展性的材料，甚至可加工成0.1μm的箔片或8μm的細線。

但相反地做為裝飾品使用則太軟，容易受損及變形，因此純金僅用於部分特定用途中。其他用途中則與銀、銅，或其他金屬混合成合金以提高機械強度等功能及特性，外觀顏色亦為重點之一。

近年來由於需要高純度、高硬度的材料，各廠商開始開發並製造出各具特色的硬化純金。

過去投入實際應用中的金合金有許多種類，金－銀合金、金－銅合金為最具典型的二元合金。而一般最常使用的裝飾用材料則為混合了金、銀、銅製成的三元合金。以此三元合金為基礎加入其他金屬元素可調整其機械性質、可鑄性、色調等特性。

裝飾用的金合金稱為「克拉」金，為表示金純度的單位。克拉金以英文字母K表示，24K為純金，其他還有22K（Au91.66％）、20K（Au83.33％）、18K（Au75％）、16K（Au66.7％）、15K（Au62.5％）、14K（Au58.5

％）、12K（Au50％）、10K（Au47.7％）、9K（Au37.5％）等。相對於金含量，改變銀或銅的比例或混合其他金屬元素製成合金使用，種類可謂數之不盡。

　　此三元合金中一般添加的金屬為鋅。此乃由於鋅可提高金合金硬度，熔解鑄造時可脫氧，且不干擾金黃色成色之故。過去在晶粒微化時添加鎳，但最近因為過敏問題而不再添加鎳。**圖 4-81** 為日本主要的 18K 金種類及其顏色，表中可見同樣 18K 金中也有各種色調。

　　K 金當中有一種名為白 K 金（White Gold）的白色系合金，為了使其能夠與鑽石互相搭配襯托而經過處理，呈現出如鉑一般的白色。為達前述目的，加入銀、鎳、鈀、鋅等白色系元素混合成合金，使其成色更加顯白。但由於無法呈現出與鉑相同的顏色，故有時也會在表面鍍上一層銠，使其變得更白。

圖 4-81 日本主要使用的 18K 金及其顏色

克拉	其他						顏色
	金	銀	銅	鈀	鉑	其他	
18K	75	20	5	—	—	—	黃色
	75	15	10	—	—	—	金絲雀黃
	75	12.5	12.5	—	—	—	金色（18K金標準色）
	75	10	15	—	—	—	粉色（古銅色＋金色）
	75	5	20	—	—	—	粉色（古銅色）
	75	—	—	25	—	—	*白色
	75	6.5	1.5	17	—	—	*厚重白色的灰色
	75	8	3	14	—	—	*略帶黃色感的白色
	75	12	3	10	—	—	*帶暗沉白色的灰色
	75	15	3	7	—	—	*香檳色
	75	16	4	5	—	—	*較輕的檸檬色
	75	2	20	3	—	—	*較輕的古銅色
	75	15	8	2	—	—	*綠黃金色
	75	19	5	1	—	—	*較輕的金色
	75	18	4	—	—	Zn3、Mn	*略帶藍色感的金色
	75	3	15	—	7	—	厚重白色的古銅色
	75	4	16	—	5	—	較淡的古銅色
	75	—	—	15	10	—	灰色

註：*記號為白 K 金用材料

英國於1509年將金幣的品位定為91.66％（22K），伊莉莎白女王時代於1975年開始將其用於裝飾品中，並認為22K為最神聖的品位。使用22K金打造結婚戒指的風俗習慣依然保留至今，但由於此材料太軟，故逐漸為18K金所取代。此外，愛爾蘭於1783年將20K定為法定標準品位。

而在使用歷史上最古老的品位為18K，由英國國王愛德華四世於1477年將其定為法定品位，此材料至今仍是克拉金的主流。其理由為即使金含量僅75％，但其耐蝕性與金相比仍差異不大，而機械性質方面則可透過調整銀與銅的含量來製造出符合各種用途的功能與特性。例如，欲提高18K金的硬度時只需增加銅含量即可，如需進一步提高其硬度，則可透過有序無序轉變使其硬化。

18K金在色調方面，改變銀、銅比例可將其金黃色在黃色至紅色範圍內做調整；與鋅、鈀、鉑等白色系金屬混合成合金後可使其呈現白色。由於此材料透過各種處理可製出各種多元色調，因此亦用於設計方面中。

白K金在過去使用含有8～18％大量鎳的金－銅－鎳－鋅合金製成。便宜的鎳不僅可增強機械性質，同時還可使結晶微化提高韌性，欲使合金呈白色時使用上亦非常方便。但由於鎳接觸到汗水或體液後易離子化，引發多起過敏案例，故歐盟開始對鎳進行管制，並進一步規定與肌膚直接接觸的項鍊、戒指、耳環、手鐲等飾品材料「鎳釋放值需低於$0.5\mu m$／cm^2／週，且正常使用下應保證其鎳釋放量低於此數值可達至少2年以上」，故白K金中開始避免使用鎳，目前日本幾乎所有製造商皆無使用鎳。使用鈀製成的合金雖然價格高，但目前已取代鎳成為主流。金與鈀的性質和金－銀合金相同，為無限固溶體，其固相線與液相線接近，熔解、鑄造時不易發生偏析反應，處理上十分方便。將數％的鈀與金混合成合金後，金黃色會逐漸消失並開始呈現白色，超過15％後則幾乎完全呈現白色。白K金中，使用在金－鈀合金中混合了銅、鉑、鋅的合金材料製成。**圖4-82**為典型的金-鈀系白K金組成，可供參考。

③鉑、鉑合金

鉑與金、銀同樣富有延展性，可加工量產厚$0.1\mu m$的箔片或直徑$0.5\mu m$的超細纖維。但在切削及研削加工中會與工具機件產生高溫變質

或磨石堵塞，故不易進行此類加工。且鉑本身太軟，製成戒指或項鍊時有易受損或產生變形的問題。為彌補此缺點，與其他金屬混合成合金提高硬度，同時增加抗拉強度及韌性成為實用材料。此外亦有賦予其磁性並做磁鐵使用的材料。

鉑所呈現出的白色與銀不同，為較沉穩內斂的白色。鉑對波長444nm的紫外線反射率為55％、對波長680nm的紅色則為67.6％。反射率相對較低，能夠蘊釀出筆墨難以形容的灰色感，對崇尚「清寂」美學的日本人而言十分具有吸引力，故日本人是全世界最喜愛鉑的民族。而如今鉑在中國的富裕階層中則被視為地位象徵而廣受喜愛，在中國被大量地購買。

鈀的反射率與鉑相近，色調中略帶藍色。順帶一提，鈀在430～750nm波長範圍中的反射率為53～67％。相較之下，銀對430nm波長的反射率為96％，對波長550nm的綠色則為98％，為所有可見光區域中反射最良好的金屬。

鉑對化學藥液的耐蝕性極佳，不溶於單質子酸，勉強可溶於王水中。此外鉑在過氧化鉀、過氯酸鈉等鹼溶蝕液中會緩慢溶解，亦可被溴腐蝕。鉑在高溫中亦可與鹽酸、硒酸、硝酸鉀產生反應。常溫下僅表面會吸附一層薄薄的氧而不會繼續氧化變色，但溫度達750℃時則形成揮發性氧化物

圖 4-82 典型的金－鈀系白K金組成

克拉	其他					顏色
	金	銀	銅	鈀	其他	
20K	83.33	—		16.67	—	白色
18K	75.00	12.50	—	12.50	—	白色
	75.00	5.00	—	20.00	—	白色
	75.00	9.90	5.10	6.5	Zn3.50	白色
	75.00	—	—	5～20	Pt5～20	白色
15K	62.50	24.86	—	12.64	—	白色
14K	58.50	23.50	0.5	17.50	—	白色
	58.50	19.70	2.00	19.80	—	白色
10K	41.70	45.80		12.00	Zn0.50	白色
9K	37.50	42.50		20.00	—	白色
	37.50	45.00		17.50	—	白色

並蒸發。

　　過去在日本，主要將鉑與$10 \sim 15\%$的鈀混合成合金以提高其硬度。但這種程度的鉑－鈀合金還無法達到所要求的硬度，故會進一步添加金、銥、釕、銅、鈷、銦、鎵等金屬。

　　添加銥在提高硬度的同時亦會提高材料韌性，適用於項鍊掛勾或戒指鑲爪等必須具有彈性的部位，但由於銥的熔融溫度極高，難以進行脫蠟法等精密鑄造加工，故無法用於所有製品中。

　　釕亦適合用於提高硬度及韌性用的添加金屬中。僅需少量添加即可提高合金硬度，但此材料熔點高，且熔解時會大量吸附氣體，易造成鑄巢等嚴重缺陷。添加釕的鉑合金機械性質優秀，但色調稍帶黑色。釕含量高於30%時，在大氣中加熱後結晶內部及晶界會氧化造成加工困難。裝飾用途中，使用在鉑中加入釕$5 \sim 10\%$的合金，或與鈀混合製成合金做使用。

　　鉑－銅合金可製備無限固溶體，但在低溫中與金－銅合金相同，會產生有序轉變並生成4種金屬互化物（$PtCu_3$、$PtCu$、Pt_3Cu、Pt_7Cu）。組成成分中銅的合金比例太少時不易產生轉變，即便在$900°C$高於轉變點的溫度下進行固溶化處理效果亦不明顯，銅75%在加工硬化後以$300 \sim 500°C$做熱處理可進一步提高其硬度。

　　鉑－鈷合金在高溫下所有比例皆可製備固溶體，在低溫下可製備2種金屬互化物（$CoPt$、$CoPt_3$）。與鈷混合製成合金後可大幅提高硬度，鉑－鈷10%合金即便經過退火後維氏硬度仍高達$140 \sim 150HV$。鉑－鈷23.3%合金經固溶化處理後硬度為$200HV$、60%合金加工後可達約$350HV$。添加鈷可提高脫氧效果，抑制材料中產生鑄巢或氣泡，具良好可鑄性，但添加過多會導致鑄造難度增加。另外，此鉑－鈷23.3%（原子百分比$Pt50-Co50\%$）組成具有優秀的永久磁鐵特性，磁能積高達$BHmax12×10^6GOe$，矯頑磁力高，故用於項鍊及戒指中。

盎司也有不同種類

　　貴金屬交易中使用的質量單位除了公制單位之外，如今仍使用金衡盎司。我們一般使用的盎司、磅為常衡制（avoirdupois）單位，單獨稱「盎司」時，為常用的 1 盎司（avoirdupois ounce，符號：oz av）為 28.349523125 公克。而金衡盎司（troy ounce，符號：oz tr、toz）為貴金屬或寶石計量用英制單位中的質量單位，稱為金衡盎司。藥品計量用的藥用盎司（apothecaries' ounce，符號：oz ap、ʒ）在使用上與金衡盎司為相同單位。

　　1 金衡盎司為 480 格林，12 金衡盎司為 1 金衡磅。1 金衡盎司為 31.1034768 公克（在日本頒布的計量法中定為 31.1035 公克）。

　　過去曾將 1 金衡磅的銀直接當成貨幣使用，這便是貨幣單位中磅的由來。金衡磅的 240 分之 1 稱為 1 英錢（pennyweight），因此貨幣中磅的 240 分之 1 為 1 便士（penny 的複數形為 pence 即便士）。1971 年，改為 1 磅等於 100 便士。

　　金衡制（troy weight）的名稱源於中世紀法國的商業重鎮香檳地區中的一個小鎮特華（Troyes）鎮，據說當時還是威廉一世征服英格蘭的時代。

第 **5** 章

貴金屬的
加工

由於貴金屬價格昂貴，因此貴金屬產品的製造者總是為了如何
減少用量，而加工者則是為了如何降低其加工損耗而絞盡腦
汁。若無法以其他材料代替能使用貴金屬時，為了將其使用量
降到最低做了許多努力，例如將貴金屬與其他金屬複合使用、
讓貴金屬變薄變小、貴金屬沒有的特性則以其他材料補強。
一般金屬多以切削進行加工，貴金屬則會盡可能使用塑性加
工，也有一些製程設計成可使過程中產生的貴金屬廢料不被污
染並將其回收再利用。

5.1 熔解、鑄造

　　金熔點 1064.18℃、銀 961.78℃，相較之下，鉑為 1768.2℃、鈀 1554.8℃、銠 1963℃、銥 2466℃、釕 2234℃，即便同為貴金屬，熔點亦差距甚大。

　　將這些貴金屬彼此混合或與其他金屬混合成合金後，熔點會產生變化。依照不同元素及分量所混合而成的合金種類多元，有些熔點增高、有些降低，甚至有熔點極低的共晶合金，例如金－錫20％合金的熔點為278℃。

　　熔融溫度愈高，則氣體愈容易溶入熔融金屬中，因此鑄造時選擇比材料熔點高 50 ～ 100℃的溫度，氣體溶入金屬中的量少，為最佳溫度。

　　不同的熔解裝置與熔解量有不同的熔解用熱源，但大多使用加溫快、裝置簡單且電子控制操作容易的的高週波感應加熱。使用的鑄造方法中，有將熔融金屬倒入鑄模中的傳統方法，以及一邊連續鑄造一邊冷卻，可製得較長鑄塊的連續鑄造法（圖5-1、5-2）等。除了前述以本身重量進行澆鑄的鑄造法外，依照不同用途還分為離心鑄造法、加壓鑄造法、真空吸引法等對熔融金屬施加外力的鑄造法。

圖5-1 水平式連續鑄造法示意圖

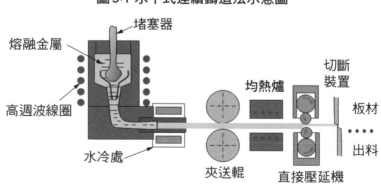

圖5-2 垂直式連續鑄造法示意圖

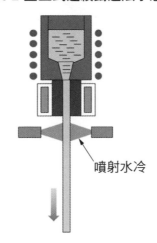

噴射水冷

（1）銀的熔解、鑄造

　　銀的熔解使用高週波熔解爐，在碳坩堝的表面覆蓋一層非活性氣體，阻絕氧氣後將銀熔解。

　　銀在接近熔點時會大量吸附氧氣，使熔點下降約30℃（**圖5-3**），並導致氣泡或鑄巢產生。因此熔解時要注意不能讓銀接觸到氧氣，除了在熔融銀表面鋪上一層木炭防止氧化之外，也可以用非活性氣體將其覆蓋。

　　以高週波感應爐熔解鑄造銀時，感應電流會造成攪拌效應，並將異物捲入熔融銀中。停止高週波感應加熱後，氧化物、夾雜物等較輕的異物會浮出表層，氣體成分也會擴散至上方。為了讓雜質不混入其中，將熔融金屬從坩堝底部的噴嘴中排出，通過水冷式鑄模使其冷卻、凝固後，可製得高品質鑄錠。

　　連續鑄造法大致上分為水平式與垂直式。水平式裝置中，從坩堝底部排出熔融金屬後使其往水平方向流動，通過水冷式鑄模冷卻，以夾送輥抽出並送至加熱爐進行熱處理後做壓延或抽線加工，並將材料切成固定長度使用（**圖5-1**）。

　　垂直式裝置如**圖5-2**所示，坩堝正下方的水冷鑄模將熔融金屬表層凝固後，以水冷噴射冷卻內部。

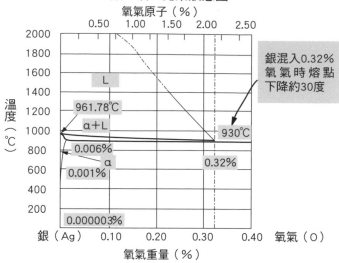

圖 5-3 銀－氧狀態圖

銀－氧二元系狀態圖

銀混入0.32%氧氣時熔點下降約30度

（2）金的熔解、鑄造

　　金的熔解一般亦使用碳坩堝，在高週波熔解爐中進行。以濕式冶煉法精煉並還原後，可得到含大量水分及氣體的粉末狀高純度金原料。首先以高週波將此原料熔解去除氣體成分後，以日式傳統工藝中的笹吹法，讓熔融金通過坩堝底部的開口（噴嘴）流入水中成為金顆粒。將製得的金顆粒再次拿到高週波爐中熔解。而製造小型鑄錠時，透過旋轉式高週波熔解爐自動依序澆鑄至鑄模中製成鑄錠。此時使用的鑄模為碳或鑄鐵鑄模。與其他金屬相比，金吸附的氣體量少易於鑄造，但要將其鑄成金黃色則需要一些訣竅。

　　過去在熔解金時多使用「時效處理法」，再將雜質去除後進行精煉。用氧氣含量較多的瓦斯噴燈（氧氣（空氣）與可燃性氣體的混合氣體），使火燄成為氧化氣氛，並朝著坩堝中的熔融金噴火，一邊自表面攪拌熔融金，使內部所含易氧化雜質成分氧化浮出表面，並 入硼砂等材質使其於坩堝周圍遊離以提高純度。

　　另一種高純度精煉法為區域熔解法，精煉的同時可製得高純度鑄錠。

（3）鉑的熔解、鑄造

鉑的熔解使用陶瓷坩堝（SiO_2、Al_2O_3、ZrO_2、MgO等）。在大氣中熔解鉑時，鉑所含的易氧化雜質會變成氧化物浮上熔融鉑表面，並附著於坩堝周圍。鑄造時必須將這些氧化物去除以防止混入。

熔解中的脫氣，可透過鑄造前加入硼化鈣等少許脫氧劑去除氧氣。

熔解鉑時必須注意熔解環境。由於坩堝是氧化物的燒結體，因此如環境為還原氣氛，坩堝材質可能被還原並混入熔融鉑中。注意將環境維持在氧化氣氛亦可有效提高純度。

圖5-4為熔解中等分量的鉑的作業流程說明。首先以高週波熔解爐將鉑熔解。將碳鑄模蓋在裝有熔融鉑的坩堝上並傾斜澆鑄。鑄造後從鑄模中取出鑄錠。鑄造完成後立即測重以確認減少的重量並取樣分析，待分析完成後再送往下一個製程。

圖 5-4 鉑的熔解作業

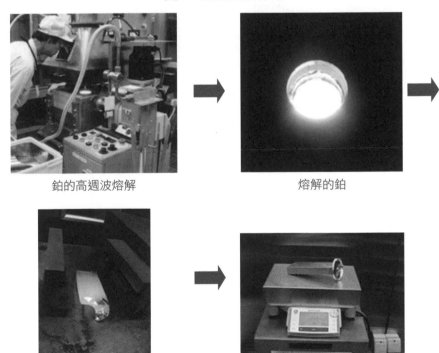

鉑的高週波熔解　　　　　　　　　熔解的鉑

鑄造後的鑄錠　　　　　　　　　測量鑄錠

（4）鈀的熔解、鑄造

鈀容易吸附氫氣，於真空中進行熔解鑄造以防止鈀吸附氫。

欲在真空中熔解鈀系材料時，需要留意將材料放入坩堝中時的方法。當原料為粉末時，可能出現僅有上層與底層熔融，中間則分層無法完全熔解。因此為使材料不分層並完全熔解，必須搭配將粉末壓縮固化或加工成塊狀等方法進行熔解。

（5）銠、銥、釕的熔解、鑄造

銠的熔解可使用陶瓷坩堝，但銥、釕的熔點高，無法使用陶瓷坩堝將其熔解。故採用的方法為使用電弧熔煉爐、電子束熔煉爐、雷射熔煉爐等設備，將其於水冷式銅鑄模中熔解後固化。

前述熔解法的缺點是無法將所有原料熔解，故難以製得均勻鑄塊。也有人嘗試使用不碰觸到坩堝的懸浮熔解法來熔解高熔點材料，此法亦為高週波感應熔解法的其中一種。

導電材料在感應磁場中，感應電流流過材料時因電阻使溫度升高，流經材料的電流所產生的磁通量，與流經線圈的電流所產生的磁通量方向相反，這股力會作用在熔解後的材料中。適當控制這股力的大小，即可使材料懸浮於半空中並將其熔解。

（6）脫蠟法

脫蠟法應用極廣，從大型零件到小東西、甚至精密零件皆有使用。而在貴金屬領域中，脫蠟法主要應用於裝飾用途與牙科用途中，這是由於熔解、鑄造是製得精密且微小的最終產品形狀的最佳方法之故。**圖 5-5** 為脫蠟法簡單流程。

製造牙科材料時，以患者的牙齒為原型，並使用矽橡膠等材料取得齒模。傳統裝飾品的原型為實際物品，首先由設計師想出新設計後將其畫成設計圖，再由職人使用金屬或其他材料手工打造。而現在電腦化科技發達，拜各種造型方法所賜，已可將製程自動化並高效率製作原型，例如透過 CAD 或 CAM 進行機械加工、照射紫外線或雷射等硬化媒介來堆疊製成

圖5-5 脫蠟法製程

	製程	內容及其他
1	製作原型及橡膠型	根據原設計圖手工打造，或利用光固化立體造型及噴墨等方法製造材料原型；使用加熱用橡膠模時，原型以金屬製作。原型如不耐熱及壓力時可使用矽橡膠。
2	製作蠟模型	將原型以加熱用橡膠模夾住後加熱加壓以製作材料的橡膠模，使用小刀將中間的原型分離並取出，將「蠟」注入中間空洞處製出蠟型。
3	組裝蠟樹	為製作耐高溫鑄模，安裝澆口與主澆道，並裝上連接至鑄件的澆道組成樹狀。澆道數量、長度、粗細、安裝位置皆十分重要。
4	填充	把蠟樹放入金屬製圓桶框中，將填充材以水溶開後倒入其中，填滿蠟的周圍，並依照其種類及特徵進行真空消泡。脫水工程僅於使用非鍵合型填充材時進行。
5	脫蠟、烘烤	乾燥後，在燃燒爐中以不會殘留碳化物的高溫600～900℃進行脫蠟，依照填充材及蠟材種類調整加溫過程與溫度維持時間。
6	鑄造	依照材料種類與鑄造機類型決定鑄造溫度、鑄模溫度；金、銀合金的鑄造使用石墨坩堝，鉑系元素合金則使用陶瓷坩堝；依照合金種類選擇熔解、鑄造參數。
7	去除填充材與酸處理	鑄造完成後，依照合金種類選擇急速冷卻或緩慢冷卻。 石膏系填充材：以水稀釋硫酸後煮沸，或以鹽酸處理。 非鍵合型填充材：以氫氟酸或強鹼煮沸。
8	拆解鑄模	將鑄件與澆道切斷，修補鑄造缺陷。
9	研磨、表面處理／寶石鑲嵌等	滾筒研磨：磁力滾筒、電解研磨、超音波刮刀、拋光。 進行噴砂及鍍膜等、與其他零件焊接、寶石鑲嵌等最終處理後製成產品。

立體結構的光固化立體造型法，或以噴墨方式製作立體模型的造型方法等。

　　以前述方法製作出來的原型為基底，使用橡膠成形機取得原型形狀，並對其加壓後，注入蠟可製成蠟型。將這些蠟型組裝成樹狀後放入鑄造用的鑄模中以填充材料將其填滿，需注意必須連接澆道以倒入熔融金屬。**圖5-6**為脫蠟法範例之一，同時大量鑄造各種相同／不同形狀混合的產品時，若一次組裝太多鑄件，鑄造完成冷卻時相鄰鑄件彼此影響導熱，會使其無法均勻冷卻或產生鑄巢等缺陷。

　　依照澆道的尺寸、形狀與組裝方法不同，鑄造時會產生各種缺陷。最常見的為澆道與蠟型的接合處有裂痕，導致產生鑄巢（**圖5-7**）。其原因為

圖 5-6 脫蠟法中的蠟樹形狀

圖 5-7 鑄造戒指時的澆道

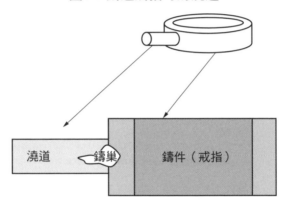

若澆道過細時，鑄液會從過細的澆道開始凝固成鑄件，凝固時產生的氣體無法通過澆道排出而形成鑄巢。若澆道過粗時，熔融金屬的流動形成紊流，容易導致捲氣發生。理想上為了使熔融金屬流動狀態為層流，必須調整澆道尺寸以調整流速，且澆道的尺寸及形狀需經過設計，使鑄件從外圍開始凝固，讓內部氣體得以透過澆道排出，有時也會組裝多條澆道。

除此之外，鑄件配置的位置關係依不同鑄造材質需有一定間隔，使鑄件的熱能難以彼此影響，這聽起來與大量鑄造似乎有矛盾，但只要調整鑄件配置位置，也能做到大量鑄造。

蠟型組裝成蠟樹後，在鑄模用的環中倒滿填充材料。最基本的填充材料為使用具耐熱性的「二氧化矽（SiO_2）」、「氧化鋁（Al_2O_3）」、「氧化鎂（MgO）」、「鋯石（$ZrSiO_4$）」、「矽酸鋁（$Al_2O_3 \cdot SiO_2$）」等陶瓷，並以20

圖 5-8 加壓鑄造裝置

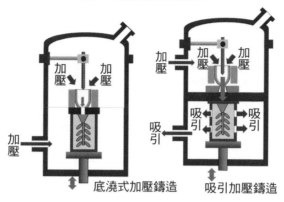

底澆式加壓鑄造　　吸引加壓鑄造

圖 5-9 吸引鑄造裝置

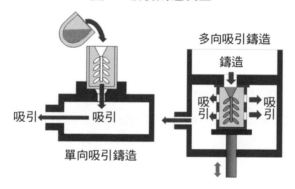

單向吸引鑄造

多向吸引鑄造

～ 30％的 α 型石膏為結合劑混合製成。另外，熔點超過1100℃的鉑系元素系合金鑄造中則使用「氧化矽系非鍵合型」填充材料。

　　填充材料以銀-銅合金為例，將石膏系粉末以混水率40％左右混合，在水溫20℃中攪拌2分鐘，進行第一次消泡1分鐘，第二次消泡2分鐘後，以低於100℃的溫度乾燥約2小時，於燃燒爐中以700℃左右溫度將蠟熔解即可得鑄模。

　　熔解使用高週波感應加熱，材料安裝完成後提前設定好減壓、氣體注入、加溫時間、溫度控制、維持時間等參數後，按下按鈕即可透過電子控制從熔解到鑄造一次完成。熔解、鑄造裝置的種類多元，有先將環境壓力降低後再注入非活性氣體的加壓鑄造法（圖5-8）、與加壓鑄造法相反採降低鑄造時壓力的真空吸引法（圖5-9）、前述兩者併用的鑄造法－離心鑄造

圖 5-10 離心鑄造裝置

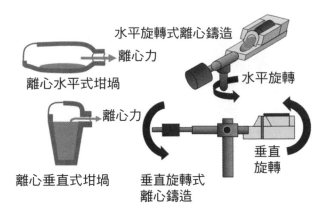

法（圖5-10），以及真空熔鑄法等。其中也有一些安裝有顆粒裝置，可將材料熔解製成金顆粒。熔解金合金、銀合金系材料時使用石墨製坩堝；鉑合金系材料則使用陶瓷系的二氧化矽、氧化鋁、氧化鎂、氧化鋯系材料製成的坩堝。

若使熔融金屬自單一方向開始凝固，在形狀較單純的鑄造中，將熔融金屬倒入因凝固而收縮的部分以避免縮孔形成，可製得高品質鑄塊。細澆道與環狀部位相連的狀態下，環狀部位與澆道會以幾乎相同的速度自側壁處開始凝固，因鑄件與鑄模收縮率不同，由鑄件承受拉伸應力，軟性材料可延展並符合鑄模形狀以消除應力，但金－銅合金等材料會發生有序、無序轉變並脆化，可能導致裂痕產生。

小尺寸的鑄造中，熔融金屬會從接觸到鑄模表面的部位開始冷卻，從鑄模壁面開始凝固，外圍凝固後，最後在中心熔融處或澆道附近留下縮孔、氣泡等缺陷。對熔融金屬施加真空吸力、加壓、離心力等外力，使熔融金屬塞滿鑄模內部可解決前述問題，此法可有效使熔融金屬填滿鑄模細部，但不論塞得多快，凝固速度都取決於熱傳導與擴散。被塞入鑄模內部的熔融金屬，在緊鄰壁面的凝固界面附近同時具有固態及液態。繼續冷卻後，結晶化成長為樹枝狀結晶（dendrite），枝狀部位會彼此交叉，為填補凝固收縮而倒入的熔融金屬，其流動會受這些樹枝狀結晶阻擋，導致縮孔分布在同一側。一旦形成縮孔，該處會形成液相和氣相的新界面，表面張力平衡並產生吸力。如果不將熔融金屬填入這些樹枝狀結晶的間隙中，則

孔隙會形成球狀，造成氣泡或縮孔。不同材質的流動性亦不同，會影響熔融金屬本身重量或外部壓力（大氣壓力或氣體壓力）造成孔隙形成，並導致鑄巢或氣泡產生。

銀系材料中，純銀為不易鑄造的材料之一，因為銀具有在熔點附近或吸附氧氣的性質，而含有氧氣會使其熔點降低約達30℃。盡可能降低鑄造溫度並阻絕氧氣，即可順利鑄造銀。銀－銅合金的鑄造中多使用標準銀，為避免樹枝狀結晶及鑄巢產生，一般認為需要設定較低的鑄造溫度及鑄模溫度，同時澆道尺寸需考量與材料分量之間的關係而使用稍細的尺寸。

金合金的鑄造中主要是在金中摻入較多銅的合金，例如玫瑰金（pink gold），但此材料可能造成問題。此合金在冷卻過程中會發生有序、無序轉變，若冷卻速度過慢，則澆道與鑄件部分的空隙及細部會發生龜裂並導致損壞。鑄造後將其急速冷卻保持其固溶化組織，在轉變發生前使其快速通過該溫度區域，可防止前述問題發生。

鉑系材料的鑄造中，需要將原料錠在熔解狀態下進行真空脫氧。含鈀、釕的合金會吸附大量氣體，熔解時需要降低環境壓力後注入非活性氣體，使一般氣體不易進入。熔解鑄造時提高鑄造溫度及鑄模溫度可使熔融金屬的流動性增加，但氣體也會增加並造成鑄巢產生。

為去除氧氣，會在真空中熔解及使用脫氧劑，但必須注意蒸氣壓高的材料在高真空度中脫氧時，材料可能蒸發。使用鋅、矽等材料可使金－銀合金系脫氧並降低其熔點，但矽含量過多時易造成脆化。此外，銀－銅合金中使用的脫氧劑除了鋅以外，磷－銅合金、鎂、硼酸、硼砂等亦十分有效。

鉑系元素系材料所使用的脫氧劑為硼化鈣，但用量過多時，鈣會導致材料脆化。

金、銀合金在鑄造後材料表面殘留的填充材為石膏系材料，因此在水中或稀鹽酸中冷卻即可將其去除，但鉑系元素所使用的填充材為陶瓷材料，會牢牢地燒結在材料上難以將其去除，故使用氟酸清洗等方法。

5.2　鍛造

　　鍛造的目的是調整鑄件外觀及形狀，並消除材料內部缺陷。鑄造後的鑄錠（鑄塊）內部有鑄巢、氣泡、氧化物等夾雜物以及鑄造結晶（樹枝狀結晶）等粗晶，且晶界會出現不規則狀雜質及析出物，形成不均勻的結晶組織。

　　為消除這些內部缺陷，對材料施加壓力使其大幅變形以粉碎夾雜物，對鑄巢及氣泡進行鍛壓，反覆加熱與鍛造過程使其再結晶化並形成均勻微晶組織。

　　鍛造用裝置依不同用途，有施加衝擊負載的氣鎚及彈簧鎚，施加靜壓負載的液壓機（水壓、油壓），以及施加動壓負載的各種機械衝壓機等。

　　例如使用氣鎚對鉑進行熱鍛（**圖 5-11**），將其鍛成板狀或棒狀等符合下一道工序中使用的形狀。

　　鍛造加工分為冷鍛、溫鍛、熱鍛，金、銀、鉑、鈀等貴金屬與鋼及其他非鐵金屬不同，在大氣中加熱亦不易變色或形成厚氧化層，即使在大氣中鍛造也不會使材料受損過多，且具柔軟度、易於加工。但合金中，若合金元素為易氧化成分則表面會生成氧化層，故之後需要去除皮膜。

　　圖 5-12 為純貴金屬的熱鍛參考溫度範圍。欲消除缺陷時，理想溫度範圍為再結晶溫度以上、熔點以下，但亦可於再結晶溫度以下的溫度範圍進行鍛造。

　　純貴金屬中的銠、銥、釕等高熔點材料的鍛造溫度高，且硬度高難以加工。銠在 1000℃以上、銥在 1300℃以上時較易於加工，但釕即使在1500℃以上高溫中仍難以加工。

　　此外，液相線與固相線差距大的合金、含共晶及包晶組織的合金、低熔點合金等材料在鍛造時需要注意溫度範圍，否則鍛造時的壓縮力可能使材料發熱，導致材料局部熔融或脆化龜裂。但即使在低溫中，依照合金種類不同也有可能發生脆化龜裂。

圖 5-11 熱鍛

圖 5-12 鍛造溫度範圍參考

材質	加熱溫度（℃）	鍛造結束溫度（℃）
銀	900	500
金	900	500
鉑	1300	800
鈀	1300	800
銠	1500	1000
銥	1500	1000
釕	1700	1500

　　鍛造後材料表面會出現傷痕及變形，或工具材質附著在表面，這些表層的污染可能會在鍛造時因熱泳效應混入材料內部。再進入下一道工序之前，必須將污染處及表面的傷痕、變形等切削、研磨去除後洗淨。

　　例如切削過程中被刀具污染的廢料，只需要用鹽酸清洗表面後即可重複使用；但材料若與其他物質結合形成無法分離的污染，則需要透過熔解將污染物氧化後分離，或以化學精煉方式提高純度後回收再利用。

5.3 擠型

擠型可應用於線材、板材等中間材料的加工，以及形狀接近成品的半成品加工中。

溫成形下將圓柱狀金屬坯擠入擠模中，製成所需的線、板或複雜形狀。

擠型機有水平式與垂直式，大型擠型機多為水平式，小批量的擠型則使用垂直式。擠製方式分為擠模位置固定的直接擠型、自前方將擠模推過來的間接擠型，以及靜水壓擠型等方法（圖5-13〜5-15）。

依照需要的形狀尺寸，選擇擠型裝置的規模及形式等進行加工，有小型至大型，或多條擠型等各種不同需求中使用的裝置，這裡以將圓柱狀銀坯擠製成直徑10mm線材為例做說明（圖5-16）。此例中可擠製出尺寸為直徑數mm以上的線材，亦可做多條擠型。

較柔軟的材料有利於擠型加工。貴金屬材料中，銀合金、金合金一般適合做擠製。但鉑合金、鈀合金的擠型加工需要要於高溫中進行，故機件

圖5-14 間接擠型（逆向擠製法）

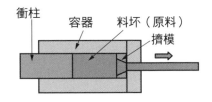

圖5-13 直接擠型（順向擠製法）

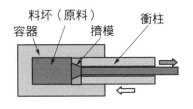

圖5-15 靜水壓擠製法

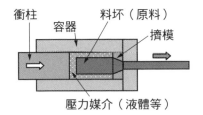

圖 5-16 擠製後的銀坯

必須可承受高溫。為防止材料產生高溫變質的潤滑油選擇，以及擠模的參數設定困難等，有許多問題需要克服，因此僅用於部分特殊用途中。

擠型的特徵為能夠將巨大的金屬坯一口氣加工製成接近產品形狀的尺寸，效率極高。且其優點為經過重加工可獲得與鍛造同等的效果，擠製出的材料，其金屬組織呈纖維狀，不僅韌性增加、機械性質提高，同時還能製得均勻且優質的材料。

擠型加工大致可分為熱擠型與冷擠型，熱擠型中有高於材料再結晶溫度的情況，以及未達該溫度的情況。高於再結晶溫度時，擠製造成的變形阻力較小，也可對室溫下難以加工的脆性材料進行加工。銀系材料中純銀、銀銅合金、銀焊料用合金、銀氧化物系材料等主要使用擠型加工，純銀等再結晶溫度低且變形阻力小的材料較易加工。但銀焊料等變形阻力及硬度皆高，且熔融溫度低的材料在擠製時如溫度過高，可能使材料本身發熱超過固相點溫度，造成材料熔融無法擠製。圖 5-17 為適當的擠型溫度範圍。

圖 5-17 熱擠型的尺寸與溫度參考範例

材質	擠製直徑（mm）	溫度（℃）
銀系	φ6.0	約400
銀-銅合金系	φ8.0	約700
銀硬焊料合金系	φ4.0	約600
銀／鎳系	φ6.0	約600
銀／氧化物系材料	φ7.0	約800

此外，高溫中擠製時材料易與容器或擠模發生高溫變質，故需要使用潤滑劑。一般使用在石墨及二硫化鉬中加入潤滑脂及油混合而成的材料，耐高溫且潤滑性良好。

　　擠型加工後的材料表面會附著潤滑劑或氧化物等異物，如有必要可將材料表面皮膜去除後使用。另外，由於高溫下做重加工會造成擠模嚴重損耗，會因熱導致變形或咬死等問題，必須定期做更換或修補。

5.4 抽線

　　線材的加工方式，依前一道工序的材料形狀及尺寸而有所不同，如為鑄造或鍛造後截面呈圓形或方形的棒狀材料，以槽輥（**圖5-18**）將材料慢慢加工成截面類似八角形（**圖5-19**）的細線。材料經擠型加工後，使用垂直爐抽線機、抽線機等裝置做抽製加工製得線材。此外，在不同材料中亦有使用型鍛機製作線材。

　　使用連續抽線機做抽製加工可製得更細的線材。此工程中使用的眼模形狀如**圖5-20**所示。一開始線徑較粗的拉線階段中，眼模材質使用模具鋼以及超硬合金；進入較細且精密的拉線階段後，則使用耐磨損且不易變形的鑽石。

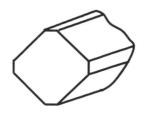

圖5-18 槽壓延加工

圖5-19 線材截面形狀

圖5-20 眼模形狀與抽製示意圖

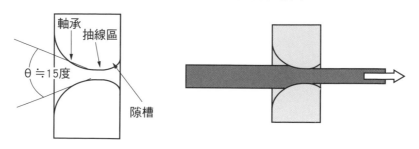

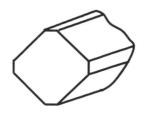

眼模經反覆使用後會因磨損及咬死等現象，造成模具變形或刮傷導致尺寸改變。故眼模管控極為重要，依其變質程度，使用一定期間後必須重新研磨或更換眼模。

　　抽製粗線時負載大，故僅使用1個眼模進行單抽製；進一步抽細時為提高產能，使用多個眼模依序由粗至細排列進行連續抽線。反覆進行前述使用多個眼模的抽線加工並做熱處理矯直，最終可加工成直徑細至 8 μm 的線材。

　　欲製成如此細的線，從熔解鑄造階段開始材料內部不能存在微小的夾雜物或氣泡等缺陷。中間熱處理溫度及加工率等參數亦十分重要。僅是一點小缺陷都會造成斷線導致無法進行微米級的超細線加工。且最終產品需要具備機械強度及功能、特性等，故製作材料時選擇符合需求的製程極為重要。

　　抽線後，以線軸或捲筒捲取線材。線材外表看上去雖然筆直，但實際上仍有歪斜、扭曲或彎曲，因此在要求線材直線度的用途中，必須經過矯直加工。矯直法有加溫下施加張力矯直的方法，以及使用機械進行矯直等方法。

　　鈀系合金線等線材由於用於點矩陣列印機及探針中，故直線度極為重要。

　　半導體配線用的金線材料純度為99.999％，且材料內部不可有缺陷。依照最終用途不同，在金線中添加各種微量添加物，並考量材料特性後選擇加工法，使其具備所需的機械性質。送入打線機中的金線必須嚴格要求其機械性質，以及打線時的線弧高度、強度等。

5.5 壓延

壓延有將鑄錠分塊壓延以產生鍛造效果的壓延、將鍛造時附著的異物以及污染物切削去除後的壓延，以及將2種以上不同材料複合後壓延等與起始材質不同的加工法。此外也有將線材壓延成帶狀長板，以及將線材壓成寬板的交叉壓延，依照壓延板成品的厚度及寬度選擇不同壓延方式及壓延機種類。厚材的壓延使用兩段式滾製，隨著材料漸薄分別使用四段、六段、八段，甚至二十段滾製等各種多段壓延機。

工作輥的直徑較大時，與板材接觸面積變大，壓延產生的壓縮應力增加，難以將其滾壓成薄板。故縮小輥身直徑以降低壓縮應力，但直徑過小時輥身會彎曲，故使用輔助輥以多段式構造抑制彎曲變形。

輥身一旦彎曲會造成板材中央部分比兩側厚，為防止此現象發生，一般會在輥身上加上隆起處（輥凸）。但只靠隆起處進行調整仍然不足，故使用輔助輥將其設計成多段式裝置。例如對輔助輥施加壓力使其彎曲，或透過調整位置等調節工作輥的彎曲量。

金、銀、鉑等材料較軟，易於壓延。但由於訂單多數是多品種少批量，經常需要以同一台壓延機加工成板寬及板厚不同的材料，依照輥凸加裝方式不同，反而可能造成板平面歪斜或變形。短板的壓延中，由於無法施加逆張力等拉伸張力，故材料易產生彎曲。需要操作者以熟練的技術依照材料種類將壓下率及加工次數、厚度、橫向彎曲抑制在最低限度中。但由於不可能完全沒有變形，故變形的材料需透過矯直機（leveler）使其平坦化。

完成壓延的板材依後續製程或產品種類，以切割機或縱剪機等裁切成所需要的尺寸。

5.6 衝床

　　貴金屬的衝床有薄板的衝孔、折彎、成形等加工，以及在同一條產線上連續進行鉚合、熔接的複合加工，和包含了深抽加工在內的各種成形加工。

　　貴金屬製品中，電接點及接合用預型焊料（圖5-21）的加工主要使用衝床，厚度數mm的薄材中，事先將0.03mm的焊料配合欲焊接的形狀，以衝孔加工製成環形等各種尺寸及形狀，多為單純的加工過程，使用高速自動化衝床進行連續加工。

　　電接點材料中為了盡可能減少貴金屬使用量，僅於接點部分使用貴金屬，與彈性材質等基材做複合、鉚合、熔解等加工後使用。貴金屬複合帶材的衝壓與一般加工相同，使用級進式衝模，但由於加工對象為貴金屬，故經過許多設計，例如獨特的材料管控，以及使廢料中貴金屬部分易於回收的衝模設計。

　　除此之外也有一些製程採用連續加工，例如將彈性材料衝壓成製品形狀的同時將接點材料做凸點熔接。

　　使用的工法採同時加工，將接點材料的線材送入衝床機製成基材形

圖 5-21 預型焊料

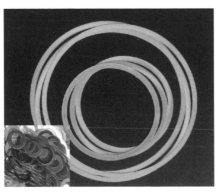

圖 5-22 衝壓成形與鉚合加工示例

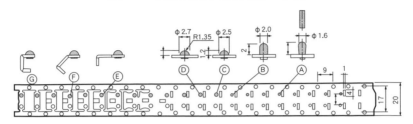

狀，同時如**圖 5-22** 所示進行鉚合。鉚釘型接點中則以零件送料機送入接點材料後，同樣進行鉚合加工。

（1）引伸加工

除前述加工外，衝床亦可做引伸加工及成形。製造嫘縈纖維用的金－鉑合金紡絲噴絲頭，可將厚 0.1 ～ 1.0mm 的材料做引伸加工製成帽子狀，此製程中使用落料引伸複合模，一次衝壓即可製成製品形狀。

此外，鉑製品等單一部件生產中，至今仍以木槌敲打鉑製薄板的方式進行手工引伸，以及使用車床熨平後成形。例如少量生產的鉑裝置中，有些零件只需要 1 個。此類零件為熟練的技師依其形狀使用鎚子做手工板金加工製成。但分析用坩堝或蒸發皿等複數零件或需要反覆加工時，則使用自動旋壓及液壓衝床成形等機械進行加工。

管子的製作分為以擠型或抽製製得圓柱或圓筒狀鑄錠後切削而成，以及將板材壓延後捲成管狀並熔接製得；而要求必須精密且無接縫的細管，則由板材以衝床製成杯狀材料後再做引伸加工製成。

過去的特殊案例中，有鉭電容用銀外殼（**圖 5-23**）的引伸、引縮（即熨平）加工等。

圖 5-23 鉭電容用銀外殼

5.7 打頭

打頭主要用於小型開關及繼電器等裝置中使用的鉚釘型電接點的成形中。貴金屬製鉚釘型接點使用純材料製成，大量生產中主要以銅為基材並複合純銀、銀合金、銀－氧化物系材料製成。

鉚釘的製作為將線材送入打頭機中，並製成**圖5-24**中的形狀。有以純材料製成的鉚釘形狀，以及將貴金屬與銅接合的複合型，形狀則有實心型與空心型。複合型以銅為基材，並將銀、銀合金、銀氧化物系材料做單面或雙面接合。

將銀及銀氧化物系接點材料與銅做接合的方法有很多。例如爐中焊接法，依序將銅片、預型銀焊料、銀系接點材料片送入碳夾具中，在氣氛爐中加熱並焊接。將接合後的接點材料和與銅複合後的片材，以零件送料機送入打頭機後製成鉚釘形狀。

此法優點為接點材料的選擇多，形狀自由度高，也不太需要選擇基材種類，可應用範圍極廣。此外若為雙面接點時，主要使用焊接進行加工。

但由於接合處為焊料，使用時可能因發熱使焊料擴散造成污染或溫度極度升高導致焊料熔融並脫落。

打頭加工為固態直接冷接合法（**圖5-25**），速度快、效率好，且接合度強穩定性高。此法是將2種材料，即銅與接點材料分別送入機器中，接合前以刀具裁斷，裁斷的瞬間立即擠入模具中，用衝床將其壓縮並成形，使其在模具中同時完成接合與成形兩步驟。此冷接合法中，由於在裁斷的

圖5-24 鉚釘型接點形狀示例與實際剖面照片

圖 5-25 固態冷接合示意圖

銀線和銅線分別送入，裁斷同時壓縮的打頭加工固態結合。

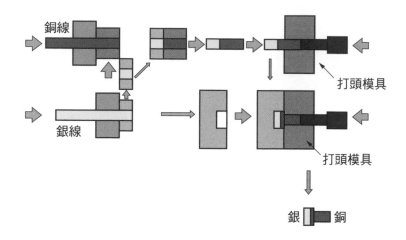

銅線

打頭模具

銀線

打頭模具

銀 ▮ 銅

圖 5-26 固態接合放大圖	圖 5-27 銀／銅複合材剖面

瞬間立即進行壓縮，裁斷面與空氣接觸時間極短，且以打頭衝床進行強力壓縮製成螺絲頭，故雙方接合面處大，接合時活性金屬表面尚未變質，因此可做到均勻的冷接合。打頭加工中的接合情況如圖 5-26 所示。

圖 5-27 為接合後的接點材料與銅的接合處狀態。

5.8 焊接、接合

貴金屬製零件及裝置類組裝中，有氣焊、TIG焊、電漿焊、雷射焊、電子束焊等，其他還有電阻焊（點焊、縫焊）、爆炸焊（以火藥等爆炸能量焊接）。而板狀材料的接合中，則有以冷、熱重加工（分塊壓延）進行的接合，或透過溫壓接做複合帶材的接合。

除了這些之外，在大氣中不易氧化的合金，其接合方式有熱鍛焊（鎚擊），以及在冷、溫、熱間溫度下的固態接合。此外也有使用俗稱的硬焊、軟焊進行接合。

銀與鈀在大氣中的氣體吸附量高故難以焊接，需要熟練的技術。尤其銀的吸氧量及鈀的吸氫量高，焊接接合時必須特別注意。

鉑合金裝置及零件中使用TIG焊、電漿焊、雷射焊、鍛焊等方式進行接合。小量加工中以人工進行焊接，而大量生產中則使用TIG焊及雷射焊的自動焊接。尤其是可單點深度熔融的雷射焊，能盡量避免焊接造成的熱影響，亦為有效的接合手段之一。例如光纖雷射可精準控制定位，能夠輕鬆達成自動化。大型鉑裝置的組裝由於為單一品項的特殊訂製品，多使用TIG焊及電漿焊製造。鉑-銠合金及鉑－鈀合金、鉑－銥合金等材料即使在大氣中熔解，也不像鋼及銅合金一樣表面易受氧化影響，故易於焊接。例如對板與板的對焊處，或對板材重疊的焊接處做冷、熱鍛造（鎚擊）處理，可消除其內部缺陷，之後透過熱處理可獲得與素板相同的均質組織。

鉑、金、銀等材料可於加熱狀態中透過鎚擊將其接合。將材料放在鐵砧上加熱，以不鏽鋼鎚由單一方向仔細鍛造後，可將整面重疊面完整接合。

另一方面，電接點的接合中使用電阻焊，利用突點（projection）進行接合，有縫焊及點焊等方式。安裝於電路板中的繼電器，其接點材料為複合了1層至數層厚數 μm的金、銀、鈀以及其合金，於表面中製成薄膜。堆疊目的為賦予不同特性，選用的材料需要導電良好、接觸穩定性及耐損耗性佳、可減少運作中發熱所導致的材料熔著、黏著、消耗，且表面不易

產生變質可供長期使用。改變表層與內部材料，可使材料長時間使用仍維持穩定接觸。與接點材料複合所構成的底層材料中，使用耐蝕性良好、電阻值相對較高的材料，典型的例子為銅－鎳合金及鎳銀合金等。此材料下方有小突起（**圖5-28**），其作用為使焊接電流集中在突起處並發熱，讓中心局部熔融以便接合。將事先與接點帶衝壓製成的基材原料捲送至電極處，即可透過電阻焊自動接合。

電極材料主要為銅鉻合金，與貴金屬接點側接合的電極會製成符合接點的形狀。長時間使用後電極表面會產生氧化膜，使電阻升高並阻礙導電，且接點表面也會有污染，故需要定期清洗或更換。

除了上述電阻焊之外還有其他焊接法，詳細請參照「接合材料」一項。

為修正焊接時的熱影響及加壓所導致的變形，於下一道工序中將焊接後的接點材料以衝壓成形製成最終形狀、尺寸。

圖 5-28 附突點的複合多層接點

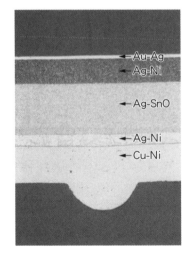
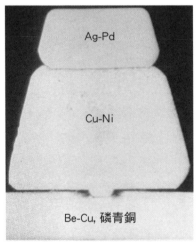

5.9 複合

貴金屬稀少且昂貴，因此在活用貴金屬所擁有的特性時，為盡可能減少使用量而經過各種巧思設計。

（1）板材複合

以前鋼筆筆蓋的材料曾使用金合金（14K及18K等）板材與黃銅複合製成的材料，現在則主要用於微型馬達及繼電器製造中的電接點。複合的型態有將卑金屬板材整面做被覆的全複合、於側邊複合的側複合、將板材一部分與帶材複合的貫通複合及頂部複合等（圖5-29）。也有不只1層，而是做數層的複合（圖5-30）。 此類複合板的接合，一般有以分塊壓延（圖5-31）做壓延加工同時一口氣接合的方法，或在溫間、熱間溫度中以壓延壓接將材料接合的方法。並且還有以HIP（Hot Isostatic Pressing，熱均壓）進行接合的方法，或以CIP（cold isostatic pressing，冷均壓）壓縮後加熱並壓延等方法。此外也有中間層使用焊料的焊接法，以及利用火藥或放電的能量進行的爆炸壓接等方法。固相接合受以下因素影響：①熱、②壓力、③接合面的清潔度。①的熱能愈高時擴散愈快，有利於接合，但材料會受熱影響而受損。

②亦相同，壓力愈大有助於接合，但同時變形幅度增加，影響製品形狀。

圖5-29 各種複合示例

全複合　　側複合　　貫通複合　頂部複合

圖5-30 多層複合剖面照片

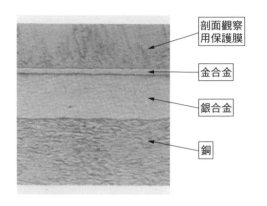

剖面觀察
用保護膜

金合金

銀合金

銅

圖5-31 分塊壓延接合示意圖

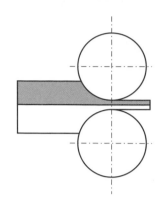

③為①②雙方接合因素中的必要條件。

如前所述，固相接合有許多種方法，這邊以壓延為例稍做說明。

複合後的接合界面必須擁有均勻的金屬組織及強度，沒有空隙及異物等缺陷，這對最終製品的功能及特性而言至關重要。尤其如用於電接點時，一點小缺陷就足以造成致命的問題，因此需要嚴格管控。

彼此接合面乾淨，配合溫度壓力條件後即可將金屬互相接合。要保護表面不受大氣中的氣體成分及水分等雜質污染非常困難，因此理想方法為在真空中或氣氛爐中接合。

搭配①與②使用，可彌補彼此缺點。

常溫下的固相接合中，接合界面會因壓縮應力導致滑移變形，並產生新的活性界面，此界面會因壓力而接合，故接合時必須讓材料產生滑移。

分塊壓延法是將厚材料以1次壓延使其大幅變形後產生新的活性面並接合的方法。難以使其大幅變形的材料，可於適合的溫度範圍內在真空或氣體氣氛中進行溫壓接或熱壓接。HIP法為在真空、高溫下施加高壓使其產生熱泳效應所進行的接合法。

貫通複合是將基材加工出溝槽後，插入貴金屬的接點材料並透過前述方法進行接合。頂部複合、側複合中亦可透過縫焊或雷射束等方法接合。

無論哪種方法，雙方材料的表面清潔度都極為重要，且平滑面比粗糙表面更易於接合。

（2）線材複合

　　線材的複合加工中有一種沃拉斯頓線，自古以來便十分有名。此法為以銅包覆住鉑線並反覆抽線後，用硝酸去除表面的銅製成細線。有些材料會在表層被覆貴金屬，例如以鉑被覆鎢線製成的耐熱材料，此細線從以前開始便被用於加熱線中。

　　現在則有以鉑被覆鉬或鐵－鎳合金的線材（圖5-32），此材料強度高，耐熱、耐蝕、耐氧化性佳，因此製成直徑約70μm的細線後，用於空氣流量感測器、鹵素燈泡的燈絲、加熱線、二氧化碳雷射器用電極等裝置中。眼鏡架中則使用以鉑系、金系合金被覆鎳銀合金線或鈦線製成的材料。

　　在最新用途中，則有以銀管包覆氧化物超導體材料外圍製成的高溫超導線。

圖5-32 鉑／鐵鎳合金複合剖面

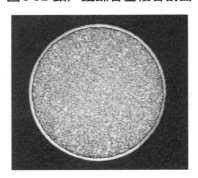

　　這些線材的複合法有抽製法與擠製法。抽製法是將芯材插入貴金屬管內，做中間熱處理使材料產生熱泳效應並矯直後抽製成線。而擠製法則以大量生產為目的，將芯材插入圓筒狀貴金屬製成金屬坯後擠入容器中，以擠型機製成複合線。

　　使用類似方法也可製作出內部中空的複合管。

（3）熱噴塗複合

　　利用熱噴塗法，可將貴金屬被覆於陶瓷等材料上。此法可防止陶瓷被熔融玻璃侵蝕，同時還可防止被侵蝕的陶瓷混入玻璃中形成缺陷。而且此

法非常划算，只需要在必要部位鍍上一層盡可能薄的鉑，可減少鉑的用量。使用板金加工無法製得如此薄的鉑表面膜。

為使鉑緊密接合，陶瓷表面會事先進行噴砂等前處理使其表面粗糙化。

例如用於熔解玻璃的陶瓷製攪拌棒及裝置等，即便是大型機械裝置，對其表面以鉑系材料進行熱噴塗，也可針對必要部位形成厚度僅數百 μm 的皮膜。經此加工保護表面的陶瓷與未加工狀態相比，形狀不但不會變化，還可以提高玻璃製品的品質，可將一般為約1個月的使用壽命延長至1～2年。

5.10 粉末冶金

　　貴金屬粉末加工的目的，是為了將難以製得均勻組織的材料盡可能減少其加工，並製成所需的形狀尺寸。前述材料包含無法以熔解法製成合金的材料，或熔點密度差異大導致難以將其均質化的材料，以及與非金屬、氧化物、氣體等混合製成的材料。此法亦可賦予材料新的特性及功能。且某些情況中也有使用金屬粉末射出成形法（MIM，metal powder injection molding）等加工方式。

　　粉末冶金法中，原料粉末的製造法如圖5-33所示有各種方法，亦可進一步結合這些方法，配合需求選擇合適的加工方法，使材料獲得所需的功能及特性並製出優質產品。

　　粉末冶金法的優點如下：可讓製得的複合材料具備前述以外的全新特性、以及可於常溫下在模具中從粉末原料直接精密加工成產品形狀，此外僅需要熔點的約80％溫度即可進行燒結，熱效率良好、可大量生產，且透過讓粉末與粉末間的空隙中含氣體或液體物質，可提高材料功能。

圖5-33 粉末製法種類

噴霧法	氣體噴霧法 水噴霧法 離心噴霧法 電漿噴霧法
旋轉法	
旋轉電極法（REP）	電漿（REP法）
機械製程	粉碎法 機械合金法
化學製程	氧化物還原法 氯化物還原法 濕式冶金技術 羰反應法

圖 5-34 粉末製法及其材料與尺寸參考範例

製程	直徑（μm）	粉末種類
氣體噴霧法	60-125	Ag系、Au系　（In、Zr、Ti-Al、Zn、Pb）
水噴霧法	12-16	Ag系、Au系　（Fe、Cu）
離心噴霧法	7-8	（Al-Si）
電漿噴霧法	40-90	Pt系、Pd系　（Ti、Mo、Cu、In）
電漿旋轉電極法（REP）	75-200	（Cu）
搗碎機、球磨機法	25-500	Pt系、Pd系　（Al、Cu）
氧化物還原法	1-30	Ag系　（Fe、Co、Cu、Mo、Al、Mg）
羰反應法	10	（Fe、Ni）
濕式冶金技術	1-100	Au、Ag、Pt、Pd（Ni）

　　貴金屬材料使用粉末冶金法時，粉末粒度的微化及均質化、燒結時的聚結，以及抑制其結晶成長為必要條件。如何透過燒結、壓縮、加工以製得均勻有序的微細組織是非常重要的因素。粉末製法如**圖5-34**所示。

　　典型的貴金屬粉末冶金製品中，有中高負載用的斷路器及開關，其中滑動接點使用銀－鎢、銀／石墨、銀／鎳等電接點材料；而中負載以下的接點則使用銀／氧化物系材料，有銀／氧化錫、銀／氧化錫／氧化銦、銀／氧化鎘等材料。除此之外，粉末冶金亦可應用於釕、銥，及其合金等不易熔解的高熔點材料中。

　　添加了微量氧化物的鉑／氧化鋯等耐高溫強化鉑系材料為結晶穩定化材料，其製備亦使用粉末冶金。

（1）銀－石墨的粉末冶金加工範例

　　以過篩等方式篩選出粒徑均勻的銀粉與石墨粉，按所需比例將其混合均勻。石墨與銀無法形成合金，且石墨重量極輕、兩者密度差異大，混合時必須留意。將充分混合後的材料填入模具中，以液壓機進行壓縮成形。壓縮成形亦可透過CIP法、HIP法進行。將成形後的材料放入非活性氣體（註：氫氣與氮氣的混合氣體等）氣氛或真空中，以800～850℃燒結後做熱鍛及

擠型加工等賦予材料黏性，製成棒、線、板等形狀。此法製成的材料雖然稍脆，但可製成接點形狀，亦可與基材焊接。

（2）銀－氧化物系材料加工範例

銀／氧化物系材料的製造使用後氧化法，利用銀可透氧的性質，將欲分散的金屬與銀混合成合金後，於氧化氣氛中加熱，使內部成分氧化成為氧化物。以此法加工製成的電接點材料，有銀／氧化鎘／氧化鎳、銀／氧化鎘／氧化鋅／氧化鎳等材料。

除此之外亦有前氧化法，將銀與其他金屬的合金以噴霧法將其粉末化後做內部氧化。將氧化處理後的粉末反覆壓縮、成形、燒結，擠製後以冷加工製成線狀及板狀接點。

或者將銀與金屬氧化物粉末混合後反覆成形、壓縮、燒結，於冷間溫度中做二次加工製成接點。

透過使用前述製法，可賦予完成品不同性能。可製成不含有害物質鎘的銀／氧化錫系、銀／氧化錫／氧化銦系、銀／氧化鋅系、銀／氧化錫／氧化鉍系、銀／氧化鎳系材料。

（3）強化鉑加工範例

鉑的強化方法有透過合金化，以及透過粉末冶金法做強化。在鉑中添加微量氧化物的強化材料，例如鉑／氧化鋯強化材料可採用以下方法製成：

①將氧化鋯粉末與鉑粉末混合後，透過液壓機、CIP、HIP等方法成形，於大氣中加熱燒結後反覆鍛造製成板材及線材。

②將鉑鋯合金做抽線加工後，以電漿、氣體等噴霧法將其製成粉末後壓縮、燒結，並反覆熱鍛製成板材及線材。

③以化學共沉澱法製備鉑與鋯的混合粉末，將此粉末做與上述相同的壓縮、燒結、鍛造加工製成板材及線材。

④將雙方粉末以機械合金法均勻混合、壓縮、燒結、鍛造製成板材及線材。

除前述範例外，其他還有各種研究中的加工法。

（4）鉑－鈷系磁性材料加工範例

鉑－鈷系材料用於硬碟中的磁記錄媒介中，過去使用增加鉭及硼合金比例的方式以提高磁力異向性並增加記錄密度。影響磁力特性的晶粒控制困難度會隨合金組成改變而增加，加工難度也會提高，因此開始採用燒結方式製作避免塑性加工。

製法有各金屬的單體粉末混合與燒結，以及合金粉末的燒結等。單體粉末混合的缺點是，除了鉑以外的金屬均易氧化、不易製得組成均勻的材料。使用合金粉末可使組成均勻，並使組織微化。此法首先於非活性氣體氣氛的爐內將鉑－鈷－鉭－硼合金熔解，並以噴霧法從熔解坩堝下方設置的孔洞中將材料噴成霧狀製得合金粉末。

將製得的合金粉末調整為所需的粒度分布後，以約1000℃進行真空燒結。此法為接近淨型（Near Net Shape）加工，可製得接近產品形狀的材料並將燒結後的機械加工降到最低。目前使用的磁記錄媒介是在複合構造的鉑－鈷－鉻合金中將氧化矽做微細分散製成的材料，可獲得更高密度的記錄容量。

5.11　表面覆膜的形成

覆膜的形成依照其用途及所需功能，分為鍍膜、熱噴塗、膏材塗布、燒製、複合等方法。金屬以外的材料，如陶瓷或玻璃中會使用膏材塗布、燒製、熱噴塗等方法。其中最典型的成膜方法為鍍膜。鍍膜大致可分為濕式法與乾式法2種（圖5-35），且被鍍物（金屬、陶瓷、玻璃等）的材料種類與鍍膜方法等，已有各式各樣的手法在研究後投入實際應用中。

一般而言鍍膜適合用於較薄的成膜中，但熔鹽鍍膜等方法亦可形成較厚的膜，甚至可將機械加工難度高的銥、釕等材料製成數mm厚的板材或坩堝形狀。

本節將針對濕式鍍膜作說明。

圖5-35 鍍膜法種類

濕式鍍膜法	電鍍法 化學鍍法 熔鹽鍍膜法
乾式鍍膜法	真空鍍膜法（PVD法）濺鍍 離子鍍 真空蒸鍍 化學氣相沉積法（CVD法）

（1）濕式鍍膜

濕式鍍膜是在浴槽中將材料與電極間通直流電將其電解，以電化學方式使金屬析出於材料表面上的方法，而樹脂等不具導電性的材料，則可改變表面材質後做無電鍍。把被鍍物材料接在負極（cathode）上，正極（anode）則依各種鍍液種類使用貴金屬或不溶性陽極等裝置。

工業用貴金屬鍍膜由於除了可防鏽之外，目的還有賦予材料電力及物理特性，故又稱功能性鍍膜。鍍膜在電機電子工業領域中用於接頭及繼電

器接點、印刷線路板、凸塊等半導體零件；化學工業領域中則用於不溶性電極等裝置中，應用極廣。

（ⅰ）金鍍膜

除了純貴金屬單體鍍液之外，還有加入各種添加物以獲得所需功能及特性的合金鍍液。典型的金鍍膜可大致分為氰系與非氰系，而這些又可進一步分類如下：

①含較多游離氰的「鹼性浴」

②幾乎不含游離氰的「弱酸性-中性浴」

③含大量游離酸的「強酸性氰浴」

④完全不含氰化物的「非氰浴」

以上鍍膜法再進一步細分，如圖5-36中所示。

此外，使用的鍍液中的金化合物，其典型例子如A～D所示：

A. 氰化金（Ⅰ）鹽 $\Rightarrow MeAu(CN)_2$

B. 氰化金（Ⅲ）鹽 $\Rightarrow MeAu(CN)_4$

C. 亞硫酸金鹽 $\Rightarrow MeAu(SO_3)_2$

D. 氯金酸鹽 $\Rightarrow MeAuCl_4$

惟 Me ＝ Na、K 等金屬

實際鍍液中的金化合物中含有各種添加物。

以氰化金（Ⅰ）鹽與亞硫酸金鹽在電化學反應中的金鍍膜為例：

$KAu(CN)_2 \rightleftarrows K^+ + [Au(CN)_2]^-$

$[Au(CN)_2]^- \rightleftarrows Au^+ + 2(CN)^- \quad Au^+ + e^- \rightarrow Au^0$

$K3Au(SO_3)_2 \rightleftarrows 3K^+ + [Au(SO_3)_2]^{3-}$

$[Au(SO_3)_2]^{3-} \rightleftarrows Au^+ + 2SO_3^{2-} \quad Au^+ + e^- \rightarrow Au^0$

上述反應為基本反應，實際鍍膜中會加入各種合金元素及添加物構成化合物。其目的為便於鍍膜，以及使鍍膜後的製品具備良好的功能及特性。

鍍膜浴及處理液中有各種添加物，例如為使鍍液均勻浸濕材料（被鍍物）的界面活性劑、為使材料與金屬離子結合形成錯離子用的添加劑、為使鍍膜有光澤而使用的添加劑、為使鍍膜硬化等提高鍍膜特性而添加的元素等，鍍金浴中實際上含有各式各樣的化合物。

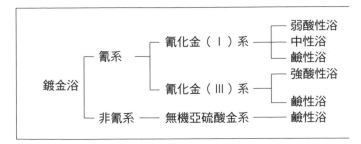

圖5-36 鍍金浴種類

鍍金浴的基本組成可依不同目的做以下分類：

- 金化合物：前述A到D成分
- 導電鹽及緩衝劑：各種無機鹽酸、有機鹽酸
- 錯化劑：氰化鹽、EDTA（乙底酸）、NTA（氮〔基〕三醋酸）、乙二胺等
- 結晶調整劑：鉛、鉈、砒、鉍、銻、硒、碲等材料的鹽
- 有機亮光劑：乙二胺類、芳香族化合物等
- 界面活性劑：各種（陽離子系、陰離子系、非離子系）
- 金屬元素：銀、鎘、銅、銦、鋅、錫、鐵、鈷、鎳等

　　透過以上化合物組合搭配，調整pH值、比重後製得鍍膜浴。使用添加劑可使製品有光澤，或使其合金化或增加膜厚等，此外亦可使鍍膜浴穩定。

　　選定前述條件後即可鍍出具備所需特性的鍍膜，用於以下用途中：

①純度99.95％以上的純金鍍膜分為有光澤膜與無光澤膜，主要用於半導體零件中。

②純度99.95％以下的合金鍍膜具光澤、硬度高、導電良好，用於電接點及接頭等裝置中。

③裝飾用途中注重製品的光澤、色調與合金比例，可製得一定厚度的膜。

④包含厚度較薄的衝擊鍍在內的閃鍍，用於提高後續的增厚鍍膜與底層間的附著度，或用於裝飾用途中的最後上色。

　　這些金鍍膜的量產中依產量及形狀不同有各種方法，例如鍍在接頭等

彈性材料表面的局部鍍膜，分為一邊對彈性材料進行衝壓加工一邊連續鍍膜，以及將事先衝壓好的原料捲送入機台中進行連續鍍膜等。

印刷線路板中，金鍍膜除了用於形成線路板表層的導電電路之外，亦用於小孔內部的貫孔中的均勻鍍膜，或多層線路板中形成內部電路用的盲孔鍍膜中（請參照4-2（4）印刷電路板）。

（ⅱ）銀鍍膜

銀鍍膜製得的銀膜極不耐硫化，在特定環境中短時間內就會變色。銀鍍膜的種類分為：

①含較多游離氰的「鹼性氰浴」

②幾乎不含游離氰的「中性氰浴」

③完全不含氰化物的「非氰浴」

此外，氰浴中使用的銀化合物為氰化銀，或氰化銀鉀。

且銀鍍浴的組成如下：

- 銀化合物：氰化銀、氰化銀鉀、氯化銀
- 導電鹽：KCN、K_2CO_3（碳酸鉀）、KOH（氫氣化鉀）、KCL（氯化鉀）、各種無機鹽酸、有機鹽酸
- 錯化劑：EDTA（乙底酸）、NTA（氮〔基〕三醋酸）
- 金屬亮光劑：銻、硒、碲
- 有機亮光劑：苯磺酸、二硫化碳、硫醇類
- 界面活性劑：各種

以上鹼性氰浴為一般最常用的典型例子。

透過鍍膜所得的電鍍層為純銀，但鍍浴中含大量游離酸，為劇毒。可鍍得光澤面或無光澤面，加入銻、硒、碲等材料可使鍍膜更加光滑如鏡並提高硬度。為因應半導體的高速鍍膜需求而開發出中性氰浴鍍膜，使用的導電鹽為檸檬酸、草酸等有機鹽或有機磷酸鹽，幾乎不含游離氰，故鍍浴組成極為單純，不使用有機亮光劑及界面活性劑。

非氰浴中不含帶有劇毒的氰化物，雖有開發出各種非氰浴，但與氰浴相比有許多問題，例如較不穩定易被分解，電鍍層脆弱且不易獲得細密晶體，以及金屬銀的補充困難等。

（ⅲ）銠鍍膜

白色系珠寶首飾的表面上色中使用鉑系元素，當中銠鍍膜使用最為廣泛。銠的特徵為耐蝕性佳，鍍膜後表面硬度高（800 ～ 1100HV），不易磨損。在銀系材料的表面防蝕及白金（White Gold）系材料的最後上色中亦為不可或缺的存在。

銠鍍膜浴中使用硫酸銠、磷酸銠，是由游離硫酸、磷酸所構成的強酸浴。以往銠鍍膜後的電鍍層極脆，超過 1μm 的厚膜易龜裂，而最近已可鍍得厚膜並用於工業用途中。

銠鍍膜亦用於編碼盤中的滑動接觸板等需耐磨損零件中。使用鉑、釕、鎂等數種添加物，可使銠鍍膜後顏色更顯白並降低內應力。

● 銠化合物：硫酸銠、磷酸銠
● 游離酸：硫酸、磷酸
● 金屬元素：鉑、釕、硒、鉛、鉈
● 應力降低劑：胺磺酸、有機羧酸
● 機亮光劑：苯磺酸、其他

添加釕元素可鍍得略帶青色的白色膜，是以往不曾有過的顏色，用於裝飾及工業用途中。

（ⅳ）鉑鍍膜

鉑鍍膜的耐蝕性及耐熱性佳，在工業用途中用於陽極及感測器等零件中，裝飾品中的蟬紋等鏤空首飾中亦有使用鉑鍍膜。其鍍浴大致可分為二價鉑離子與四價鉑離子2種。

二價鉑化合物中使用最多的為順式－二亞硝基二氨鉑〔$Pt(NH_3)_2(NO_2)_2$〕，在日本一般稱為鉑P鹽，pH值酸性至中性的鍍液使用此化合物製得。電化學上，鉑的氫過電壓低，因此易產生氫氣，酸性至中性的鍍浴中會產生氫氣，故電流效率低。且產生的氫氣會被電鍍層的鉑吸附，因此鍍出的鉑內應力大且材質脆，但由於鉑P鹽容易取得，故此法仍廣泛使用。

四價鉑化合物主要為氯鉑酸與六元鉑鹽，但氯鉑酸加水易分解，性質不穩，故不適用於工業用途中，使用六元鉑鹽製得的鍍浴為高鹼性，且不

產生氫氣，可提高電流效率。

　　傳統鉑鍍膜中由於氫的吸附會造成脆化及龜裂，一般認為不可能製得厚膜，但近年開發出使用四價鉑化合物的高鹼性浴，此法可鍍出數百μm厚且柔軟的鉑電鍍膜，應用於裝飾等用途中。

(ⅴ) 鈀鍍膜

　　鈀鍍膜浴大多為中性至鹼性的氨系浴，由於鈀的化合物易吸附氫，並導致電鍍膜內應力增加，故鍍厚會造成膜龜裂。厚度超過5μm後不易產生光澤，但仍可鍍得半光澤鍍膜。鈀與鎳合金化後可降低內應力，目前市面上有製造及販售混合了2～5%鎳的合金鍍浴，可鍍出具光澤的鈀厚膜。鈀鍍膜在工業用途中大量用於IC引線架、電接點、接頭等零件中；而在裝飾方面則用於時鐘框、鏡框、書寫用具等物品的底層鍍膜中，應用非常多元。

　　鍍浴組成如下：
　　● 鈀化合物：氯化鈀、二次硝酸二氨合鈀、二氯二氨合鈀
　　● 導電鹽：硫酸、磷酸、鹽酸等酸的銨鹽、胺磺酸、硼酸、焦磷酸的鹼鹽
　　● 錯化劑：EDTA（乙底酸）、NTA（氮〔基〕三醋酸）
　　● 金屬元素：鎳、鈷、鐵
　　● 應力降低劑：苯磺酸、醇、胺類

(ⅵ) 釕鍍膜

　　釕鍍膜的鍍膜浴為硫酸系、胺磺酸系的酸性浴，與其他鉑系元素鍍膜相比，呈最灰暗的白色。釕離子有各種價數，故電流效率不穩定，鍍膜內應力高，易龜裂，但價格上較為有利，故用於銀的防硫化等用途中。

(ⅶ) 銥鍍膜

　　銥鹽中使用氯化銥或六氯合銥（Ⅳ）酸銨。組成主體為硫酸及胺磺酸等酸，於pH值1～2、電流密度1～4A／dm^{2}的條件下進行鍍膜，其鍍膜性質為材質脆，易龜裂，高溫中氧化物會昇華。但鍍膜後透過氧化處理

可製成不溶性薄膜，用於淨水器及電解製程的電極中。

（2）乾式鍍膜

乾式鍍膜中，有物理蒸鍍（PVD）與利用化學反應進行的化學氣相沉積（CVD）2種。

物理蒸鍍的其中一種是真空蒸鍍，為使金屬容易汽化，將工作槽內部壓力抽至$10^{-3} \sim 10^{-5}$Pa（帕斯卡）高真空，再以電阻加熱、電子束、高週波感應、雷射等方式加熱材料使其汽化、昇華後於基板表面形成薄膜。此方法主要用於純金屬的蒸鍍中，蒸鍍貴金屬時所使用的蒸鍍材料有金、銀、鉑、鈀的粒狀、塊狀、棒狀、線狀材料，除了金屬以外亦可於樹脂及玻璃、紙等基板上形成薄膜。

此外同為物理蒸鍍的離子鍍（**圖5-37**），其成膜附著度比真空蒸鍍高，此法為將容器內減壓後，在蒸發源與被鍍物之間施加電壓，使汽化金屬離子化後進行蒸鍍。

貴金屬中多使用濺鍍，將容器減壓後，在蒸發源與被鍍物之間施加數百～數千V高電壓，使氬離子撞擊靶材（蒸發源），撞出靶材中的金屬原子並成膜。合金等材料難以使用真空蒸鍍進行鍍膜，透過此法即可輕鬆成

圖5-37 離子鍍示意圖

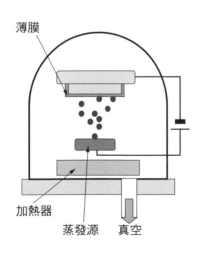

薄膜

加熱器

蒸發源　真空

圖5-38 化學氣相沉積示意圖

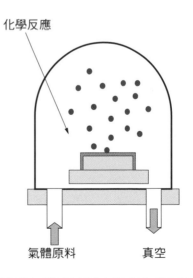

化學反應

氣體原料　　　真空

膜，優點極多故被大量使用。例如硬碟的記憶元件鉑－鈷－鉻系磁性材料即使用濺鍍（請參照4-2（2）濺鍍靶材），此外金、金合金、銀、銀合金、鉑、鉑合金等各種材料的表面成膜亦使用濺鍍。由於此法無需熔解靶材，因此蒸發溫度不同的合金，或熔點極高的材料皆可做成靶材用於濺鍍。

　　另一方面，化學氣相沉積（**圖5-38**）中的反應物材料則使用易汽化的材料。此法為將汽化的蒸鍍材料與反應氣體混合後灌入反應爐中，被鍍物經過加熱器加熱並與氣體接觸後，會因熱平衡反應而於被鍍物表面成膜。化學氣相沉積法為半導體製造中不可或缺的技術，貴金屬材料中則使用有機金屬化合物製膜。此法與真空蒸鍍及濺鍍不同，其優點為蒸發物無指向性，鍍膜氣體可輕易鑽入孔洞等處形成均勻鍍膜，其均鍍能力被廣泛應用。此外，化學氣相沉積中目前正在開發施加電壓以將氣體電漿化的方法。

5.12 回收、精煉

　　貴金屬在現代社會中，透過從各種貴金屬產品中回收、精煉並再生利用，不同產品依不同加工過程及使用環境，分為以下可回收及無法回收的情況。

　　①加工過程或使用中的貴金屬材料蒸發、揮發、損耗並擴散到大氣中後消失，以及微量添加至其他物質中導致無法再生的情況。

　　②將加工過程中的貴金屬製瑕疵品，以及產品使用完畢後送回原廠回收做再生利用的情況。

　　③從企業用戶及一般家庭中回收貴金屬的情況，與不做使用而單純保存的情況。

　　④與垃圾一同做廢棄物掩埋或焚燒處理的情況。

　　⑤其他。

　　目前日本由於不產稀土金屬，或是即便有產出但產量極為稀少，對稀土金屬的資源保護關注度日益增加，且貴金屬價格高漲，因此回收產業愈來愈發達。回收對象除產業用機械、裝置、零件等之外，還有醫療用品、裝飾品、工藝品等，以及一般家庭中常用的家電產品和各種商品。如何將資源稀少的貴金屬做有效利用及資源再生使其能夠重覆使用，為今後的一大課題。

　　理想的方法是廠商在開發製造含有貴金屬的產品時，能夠從設計階段便開始思考貴金屬資源的回收利用，商業化時所採用的設計需要在製造時盡可能將使用貴金屬類的部位集中，以便使用後可與其他材料及零件輕鬆分離。

　　以下將加工中及使用後的貴金屬回收、精煉形態做大致分類說明。

（1）加工製程中的回收

　　依照不同產品種類，有各種貴金屬加工過程中產生的瑕疵品。加工過程中會有溶解鑄造、壓延、抽線、焊接接合時的刮痕，以及尺寸不符處和

邊緣處等不需要的部分，還有電機電子零件用的複合材料等衝壓加工中所產生的碎屑（廢料）等。

加工廢料依製程不同，有污染較少的廢料，如切屑後的碎屑、板材及線材的邊緣處、衝壓廢料等，用鹽酸清洗後再熔解，純金與純鉑可於氧化氣氛中將其熔解，將易氧化的礦渣等雜質氧化後去除。而污染嚴重的廢料可先將其熔解鑄成電極後再進行電解精煉，或鑄成薄板以王水或鹼液將其化學溶解後再進行分離精煉。詳細請參照第3章。

（2）機械、設備、零件中的回收

功能玻璃及光學鏡頭等的玻璃熔解裝置及坩堝、製造玻璃纖維用的拉絲板、氨氧化製程使用的鉑催化劑網及銀催化劑等，由於會劣化及污染，需要定期更換並回收。這種情況中，廠商透過與使用者的密切連繫，提供定期更換及故障時的緊急處置等服務，並於更換零件時評估整體重量與貴金屬成分，再根據過去經驗預估回收、精煉中會造成的定量損耗後進行回收再利用。

使用中的污染物含有對貴金屬產生不良影響的物質，可能造成材料脆化或與材料合金化使其熔點下降等，故確認重量後先將其加熱熔解鑄造成塊狀，再以電解或與前述的化學方式將其分離精煉。

（3）車輛廢棄催化劑中的回收

汽車的排氣淨化催化劑，會從全球使用的廢棄車輛中收集其催化轉換器後將其分解，從中分離並取出催化劑部分（圖5-39）。此類催化劑的蜂巢狀載體有陶瓷製與金屬製，且鉑系元素的使用量及搭配組合也各有不同。依催化劑載體種類與鉑系元素含量不同，回收方法亦不同。鉑系元素含量多的催化劑主要以乾式精煉法進行回收。

乾式精煉中，可用於回收催化劑中的鉑、鈀、銠的方法，是將廢棄催化劑與銅、鐵、錫、鉛等金屬，或與銅及鎳的硫化金屬混合物一起熔解後濃縮分離（參照第3章）。

礦渣成分則以電熱爐熔解後用於精煉中。在日本，從廢棄汽車催化劑

圖 5-39 四輪車輛中的金屬製蜂巢狀催化劑載體

以及廢棄石油催化劑中提煉貴金屬時，依使用完畢的催化劑與載體成分不同，將其與助熔劑、氧化物溶劑、焦碳一起與銅混合熔解後，讓銅吸收鉑系元素成分，以分離金屬與氧化物。

熔解後的金屬含有鉑系元素成分濃縮於其中，將其分離後進行萃取。這種乾式精煉法可從大量含陶瓷的催化劑中有效率地回收鉑系元素。

熔融分離後的合金含有鉑系元素（參照第 3 章），在下一階段中使用濕式法進一步提純。

此外，金屬製蜂巢狀催化劑由於金屬表面負載有陶瓷及催化劑成分，將此陶瓷與催化劑成分自金屬表面中粉碎分離成粉末狀，陶瓷部分以酸、鹼等溶液溶解後分離精煉。金屬部分則加熱熔解後，依其含量濃度以前述方法進行精煉。

（4）電子產品、手機等裝置中的回收

貴金屬在此類裝置的回收中，在貴金屬含量多時（如手機及個人電腦中的印刷線路板、硬碟、IC、陶瓷封裝材料等），將含貴金屬的零件自裝置中分離後粉碎，以酸或鹼溶析出貴金屬後進行分離；若貴金屬含量少且回收物量大時，則將其粉碎後以乾式精煉進行回收。

（5）貴金屬廢液中的回收

　　用於化學反應中的含貴金屬水溶液及受污染的鍍膜液，通常於製程中進行回收。

　　貴金屬濃度稀薄時，例如鍍膜等製程的後期處理中產生的洗滌液，使用的回收方法為以吸附用的過濾器等裝置，將使用後的水溶液吸附一段時間後僅針對貴金屬類進行濃縮並從中回收貴金屬。

（6）裝飾品及牙科材料中的回收

　　由於日本景氣大不如前，加上貴金屬價格高漲，一般民眾將貴金屬裝飾品、工藝品、金幣、紀念獎章等家中收藏的貴金屬兌換成現金的趨勢較以往增加。貴金屬業者亦考量此情勢開始積極向各公司窗口收購廢貴金屬，貴金屬回收率因此提高。

　　而牙科材料的回收主要來自牙科診所中。盡可能將成分相近的回收物收集在一起，分類成金類、銀類、鉑系元素類後，以酸或鹼將其溶解成液體後進行分離回收（圖5-40）。或將其全部熔解鑄成電極後進行電解，或製成薄板以酸、鹼溶解後進行分離精煉。回收得到的物體依使用狀況及形狀分類，再將分類後的物體分成金屬狀、粉末狀、液狀，個別粉碎混練均勻後按其狀態分析評估。

①如為液狀及粉末狀時，以X射線螢光分析進行前期分析，大致掌握
　成分組成後，再選擇使用化學重量分析、ICP（感應耦合電漿體）分

圖5-40 各種貴金屬對藥液的溶解性

	Ag	Au	Pt	Pd	Rh	Ir	Ru	Os
濃硝酸	○	×	△	○	×	×	×	
王水	氯化銀沉澱	○	○	○	△	△	△	△
鹽酸＋氯氣	氯化銀沉澱	○	○	○	△	△	△	△
濃硫酸	○	×	×	○	×	×	○	○
氰化物浴＋氧化劑	○	○	○	○	−	−	−	×

析、X射線螢光分析等適合的分析法進行評估。

②如為金屬狀時，以光學光譜發射法做定性分析確認樣本中的貴金屬組成。雜質多時以X射線螢光分析法進行分析，或液化後先以ICP分析之後再做定量分析確定成分含量。

5.13 分析

　　阿基米德為了測得王冠中的黃金純度而發現比重法，從這則逸事中，我們可以得知人類早在以前便已認知到分析技術的重要性，並且知道貴金屬材料的分析是能夠左右價格的重要基礎。

　　傳統的金分析法使用試金石進行分析，如今仍有使用。此方法中，事先用已知金品位的數種合金，在人稱試金石的黑曜石表面刻劃出「條痕」，再將欲分析的材料排在一起劃出條痕。觀察磨擦面的光澤及色調、以及用硝酸溶解後的變色程度來判定純度，方法簡便且短時間即可獲得判定結果，JIS規格中至今仍有使用此法。

　　而江戶時代流傳至今的灰吹法為銀與金的分析法，目前JIS規格（JIS-H6310）中亦規定有此分析法，其優點為可將貴金屬元素合金化後萃取濃縮，且可使用天平精準測量其重量，故此法為儀器分析法中建立基本數據時不可或缺的方法。

　　圖5-41所示的方法中，把樣本用鉛箔包覆後，在灰吹爐中以1050～1150℃將其完全熔解後注入空氣約25分鐘，使其表面呈閃耀無條紋狀。冷卻後將髒污去除，再壓延加工成0.12～0.15mm的薄板後捲成漩渦狀，以約90℃的33％硝酸清洗後用49％硝酸煮沸。接著以60～70℃溫水清洗直到硝酸銀消失為止，乾燥後再以700～750℃加熱5分鐘後放涼，並秤重至0.01mg。

　　現代已開發出許多使用電子技術的近代儀器分析法，無論在測量靈敏

圖5-41 樣本熱處理→用鉛包覆樣本→做完灰吹法後

圖5-42 各種貴金屬樣本的分析

分析物樣本	主成分的分析法	雜質的分析法
貴金屬塊	以化學分析、發射光譜分析／原子吸收光譜分析 定量其中雜質並標識純度	光學光譜分析 原子吸收光譜分析
貴金屬合金	X射線螢光分析 化學分析	ICP分析 發射光譜分析 原子吸收光譜分析
貴金屬化合物 化合物溶液	化學分析 原子吸收光譜分析（低濃渡樣本）	GDMS分析 ICP分析
鍍膜液	ICP分析	原子吸收光譜分析
廢液中的貴金屬	原子吸收光譜分析 ICP分析	ICP分析
貴金屬廢料	原子吸收光譜分析 ICP分析 X射線螢光分析	ICP分析 原子吸收光譜分析

度或速度上都遠遠凌駕於古典方法，但精準度在原理上仍然不及使用化學天平的分析法，故貴金屬的分析仍使用重量法及容量法。

使用儀器的分析法優點為操作較為簡單、靈敏度高，且只需少量樣本即可在短時間內同時測定多種元素。而當樣本非常珍貴且數量稀少，或需要考慮多種分析方法時，則必須進行非破壞性分析。

使用前述儀器分析的先決條件是必須使用校準曲線及標準樣本。進行定量分析時，要事先考慮共存成分所造成的影響後再選擇分析方法，視情況也可能需要將干擾成分去除，或進行目標成分的預濃縮。**圖5-42**為各種貴金屬樣本的分析方法。

（1）儀器分析

一般使用的儀器分析中，如樣本為固體時使用發射光譜分析法（Emission Spectrometry，ES）；如樣本為液體時使用原子吸收分光光度法／原子吸收光譜法（Atomic Absorption Spectrometry，AAS）、高週波感應耦合電漿體原子發射光譜（Inductively Coupled Plasma Atomic Emission

Spectrometry，ICP）。

貴金屬店內的貴金屬估價及欲簡化樣本處理手續時，一般多使用X射線螢光分析法（X-ray Fluorescence Spectrometry），除此之外也有使用放射活化分析（Activation Analysis）等非破壞性分析法。

其中欲精準測定高純度材料或含量極微小的成分時，使用輝光放電質譜法（Glow Discharge Mass Spectrometry，GDMS）。

開發材料時不可或缺的儀器分析法中，有測定樣本表面成分分布狀態用的電子探針顯微分析法（Electron Probe Micro Analysis，EPMA）、能量散射式掃瞄電子顯微鏡分析法（Scanning Electron Microscopy-Energy Dispersive X-ray Analysis，SEM-EDX）、掃瞄式俄歇電子能譜法（Scanning Auger Electron Spectroscopy，SAM）、二次離子質譜法（Secondary Ion Mass Spectrometry，SIMS）等分析法。由於材料的物理性質會左右產品功能，因此這些方法中所使用的儀器除了用於分析貴金屬成分以外還用於半導體、催化劑等微小部件的分析中，亦使用於分析樣本中的偏析物、混雜物、樣本表面的吸附物及污染物，以及局部反應部位中的元素。例如欲查明電接點表面的污染狀態，或玻璃熔解中鉑脆化部分的污染物質時，即可使用前述儀器。

深度方向上的分布測定，使用前述方法結合表面濺鍍技術，或使用拉塞福背散射法（Rutherford Backscattering Spectrometry，RBS）、二次離子質譜法等方法進行分析。欲測定表面元素的結合狀態時，使用X射線光電子光譜法（X-ray photoelectron spectroscopy，XPS）、高解析度X射線螢光光譜法（High-resolution X-ray fluorescence spectroscopy）；欲知表面吸附物的狀態時，則使用低能量電子繞射法（Low-Energy Electron Diffraction，LEED）、電子能量損失能譜法（Electron Energy Loss Spectrometry，EELS）等方法。

（2）樣本取樣

樣本的取樣與分析法的選擇同樣極為重要。如選取的樣本與分析目的不符，則該分析值便不具意義。欲分析的母群體有時是礦石、有時是合金、也有時是要回收的瑕疵品或使用完畢的材料等，種類多元。例如礦石中的

貴金屬具黏性，難以將其細細粉碎，且貴金屬密度高於其他物質導致分布不均，若不經處理直接取樣，則採樣後的分樣精準度會降低。為了取得最接近母群體的樣本，需思考如何避免因密度差造成的分布不均。此外，為取得均勻的分析樣本，使用的方法有從熔融金屬中製作樣本的澆鑄法、將熔融金屬倒入冷卻水上的木片使其形成小顆粒的汲取顆粒法（JISM8104），以及汲取延展法（JISZ3900）。如果前述方法不適用，則透過溶液化、熔融合金化、熔解等方法製作樣本。

熔融鑄塊中，不同部位可能會因偏析等原因而無法將其當成可代表母群體的正確樣本，採樣時必須注意。

取樣時需將樣本分解，將對目標成分有害的成分分離並使溶液均勻。為使貴金屬可均勻溶於溶液中，根據樣本選擇合金化、熔解、酸溶解等合適方法。圖 5-43 為貴金屬單體的分解法。

以下為樣本分解與濃縮中的一例。將貴金屬元素及鋅、鉛、錫、銅、鉍、鎳、鐵等卑金屬元素與樣本一起熔解形成金屬互化物，或將貴金屬元素微細分散於母體，使其易溶於酸液中。透過此處理，摻雜物即使摻雜在礦塊或礦粒之間也能提高其溶解性。易氧化的卑金屬元素可視為礦渣並分離，將樣本濃縮溶解後製成粒狀，可供發射光譜法、X射線螢光法、放射活化法等分析樣本用。

一般會 入約50倍分量的鋅，加入氯化鉀以防止鋅氧化並以800℃熔解，使用稀鹽酸、稀硫酸分解過濾，去除樣本中的鋅，製成細微粉末後以王水將其溶解。

含金或銀的礦石可使用名為熔融法的方法，在礦石中加入鹼灰、一氧化鉛、矽酸、硼砂，放入黏土坩堝後以食鹽覆蓋表面，以600℃、950℃、1100℃以上溫度分三階段加熱，熔融後鑄入鑄模中，內部金、銀會濃縮形成鉛粒，可用於濕式法及灰吹法中。

鉑與鈀在進行灰吹法後會完全融入金－銀合金中，銠、銥一般認為會有部分材質揮發後消失，釕、鋨則不會被合金化，而於金－銀合金粒底部形成黑色斑點。釕、鋨、銠會被氧化為氧化物。利用此現象，如為銥或銠的鉑合金，則加入約20倍分量的精製銀一起熔解並合金化，加入硝酸去除銀後，以王水將殘渣溶解液化。

圖 5-43 單體貴金屬的分解法

		Au	Ag	Pd	Pt	Rh	Ir	Ru	Os
溶液化	王水	可溶	可溶 氯化銀沉澱	可溶（PdO不溶）	可溶	不溶（細粉可溶）	不溶（細粉可溶）	不溶	不溶
	氣體鋼瓶中的氧化劑及鹽酸	可溶	加溫可溶	可溶	可溶	可溶	可溶	可溶	可溶
	濃硝酸	不溶	可溶	加熱可溶	不溶	不溶 加熱細粉	不溶	不溶	不溶
	濃硫酸	不溶	加熱可溶	加熱可溶		不溶	不溶	不溶	加熱可溶
	鹼性氰化物溶液	與氧共存可溶	與氧共存可溶	不溶	不溶	不溶	不溶	不溶	不溶
合金化	鋅（700~800℃）	合金化	合金化	合金化	合金化	結晶化（王水可溶）	結晶化（王水可溶）	結晶化（王水可溶）	結晶化（王水可溶）
	錫	〃	〃	〃	〃	〃	〃	〃	〃
	鉛	〃	〃	〃	〃	〃	〃	〃	〃
	銅	合金化（王水可溶）	合金化（王水可溶）	合金化（王水可溶）	合金化（王水可溶）	〃	〃	〃	〃
	汞	汞齊	汞齊	汞齊	汞齊	汞齊	汞齊	汞齊	汞齊
熔解	NaCl＋Cl₂	揮發		有Au時揮發	有Au時揮發	可熔解	可熔解	有Au時揮發	揮發
	CuCl₂＋Cl₂			揮發	揮發	可熔解	可熔解		揮發
	K₂S₂O₇	不可		可熔解	部分揮發	可熔解	部分熔解	部分熔解	揮發
	Na₂O₂		不可					可熔解	可熔解
	NiCO₃＋S CuCO₃＋S			可熔解	可熔解	可熔解	可熔解	可熔解	揮發

（3）分離方法

常用的分離方法中，有使用無機酸將其溶解、添加試劑使其沉澱、蒸餾、溶劑萃取、離子交換等方法。

樣本量較多時使用溶解、沉澱等方法；蒸餾、溶劑萃取、離子交換則用於微量成分的分離中。

主成分為金的金塊或合金使用的分離法，透過王水將其溶解、沉澱分離（JISM8115）。另外，分析完畢的金－銀合金粒使用硝酸法（JISM8115、

8111、8112）將金分離，加入硝酸將銀溶解後使金殘留；金－銀－鈀合金中，可使用硝酸將樣本溶解，殘留物以王水處理後透過亞硫酸鈉將其還原並析出金（JIST6105）。

　　金、銀含量稀薄時，將樣本中的卑金屬成分以硫酸或硝酸事先加熱處理後以殘留物為樣本（JISM8111、8112、8114）；主成分為銀的樣本則以硝酸處理（JISH1181、Z3901）。而鉑樣本則以王水一邊加熱使溶液蒸發，反覆加入鹽酸至完全乾燥，待硝酸完全去除後加入水將鹽類溶解。如有沉澱物則將其過濾，所得殘渣用於金及銀的定量分析中。銥、鉑－銠合金中，將樣本與20倍分量的精製銀一起放入非活性氣體氣氛中，以1100℃以上將其熔解製成合金，將表面清潔後做壓延加工，並以硝酸將其分解，再以王水將沉澱物溶解，在氫氣流中將殘留物加熱至600℃可製得銥與銠的合金。

　　層析分離原理為離子交換，鉑系元素離子在稀硝酸、硫酸、過氯酸溶液中會定量吸附於陽離子交換樹脂中，用於分離貴金屬與卑金屬離子。最近則開始使用操作簡單的高速液相層析法進行分離。

　　蒸餾分離中使用熔解法，以氧化劑製得具有揮發性的氧化鋨及氧化釕，將含鋨、釕的鉛粒以氧化性無機酸分解後，鋨與釕會被氧化並蒸餾。氧化鋨以二氧化硫飽和的稀鹽酸（1＋1）或10％氫氧化鈉將其吸收；氧化釕則使用乙醇-鹽酸（1＋1）。

　　容量定量法用於定量銀，JIS 規格中銀硬焊料的銀（JISZ3901）與粗金銀塊（金銀含量50％以上的合金塊）中的銀（JISM8115），規定使用氯化鈉滴定法（給呂薩克法）、硫氰酸銨滴定法（佛爾哈德法）進行定量分析。**圖 5-44** 中為貴金屬沉澱法概要。除此之外還有以前述儀器進行的定量分析。

圖 5-44 貴金屬沉澱法

種類	操作
氯化物沉澱	Ag：加0.1～0.2N硝酸使其呈酸性，將Cl⁻濃度保持在0.001～0.1N。
還原分離	Au：將溶液中的硝酸成分去除，用草酸、對苯二酚將其還原。 Pt、Pd、Rh：硫酸溶液中，以鋅粒將其還原。Ir、Os、Ru較難定量沉澱，Cu、Ni、Fe的共沉澱少。 Pd、Pt：鹽酸溶液中，以Te（IV）為捕捉劑，使用$Sn Cl_2$將其還原。
硫化物分離	欲自大量鹼金屬、鹼土金屬元素中分離時十分好用。 但含重金屬元素時使用還原分離較為有利。 Pt、Pd、Rh：稀鹽酸溶液中，以H_2S使其沉澱，Ru、Ir、Os無法完全沉澱。 Ru、Ir、Os：使用鹼性溶液可使其完全沉澱。
氫氧化物分離	Pd、Rh、Ir：在鹽酸溶液中加入$NaBrO_3$加熱使其氧化，加碳酸鈉至pH值6～8，僅Pt以〔$PtCl_6$〕$^{2-}$做濾液使用。
錯合物分離	Pd：用於從鉑系元素中分離鉑。加入鹽酸使其呈酸性溶液（0.2N～0.3N），並加入丁二酮肟溶液。 Rh：多用於與Ir的分離。將1－亞硝基－2－萘酚中在pH值4.8～6.7中進行分離。 Ir：在醋酸·醋酸銨溶液中，使2－氫硫苯并噻唑產生反應。 Ru：加入鹽酸使其呈酸性，添加巰基乙醯萘胺，煮沸後使沉澱物凝聚。 Os：用於以蒸餾法$HCl-SO_2$中捕捉到的Os。去除SO_2後加入巰基乙醯萘胺溶液，煮沸後使沉澱物凝聚。

第 **6** 章

貴金屬的熱處理與機械性質

有數種方法可將材料的強度、硬度、拉伸率、韌性等性質做最佳化處理，以符合使用目的中需要的功能與特性。這些方法包括改變熱處理參數，或與其他元素混合成合金、加工硬化、析出硬化、有序無序轉變、結晶微化、添加微量氧化物以阻礙差排移動等，種類多元，此外也可透過非晶化來強化材料。

本章將舉幾個範例說明合金元素與特性之間的關係，和材料加工率以及熱處理溫度與時間的關係。

6.1 硬化加工

　　金屬在經過壓延及抽線等機械加工後會產生硬化。硬化程度依材料種類有所不同，也會因加工比例（加工率）而變化。貴金屬中易於做冷加工的銀、金、鉑、鈀的變化如**圖6-1～圖6-4**所示。

　　加工率愈高、硬度愈高、抗拉強度愈強，但相反地拉伸率則愈低。加工率達10～20％時拉伸率急劇下降，加工率超過30％後拉伸率降至數％以下。

圖6-1 銀的加工率與機械性質

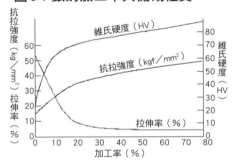

圖6-2 金的加工率與機械性質

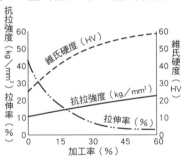

圖6-3 鉑的加工率與機械性質

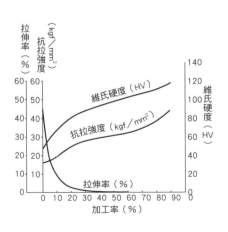

圖6-4 鈀的加工率與機械性質

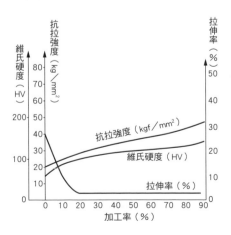

但有部分材料例外。例如純銀在壓延、抽線等加工中，加工率增加時會先產生硬化，但繼續做重加工後，有時會因加工中產生的熱量引發再結晶作用而軟化並回到原本硬度。

另外，經重加工處理過的銀，在炎炎夏日裡就算只是放在常溫下保管也會逐漸變軟，約1個月左右就會軟化。此現象稱為自退火（**圖6-5**）。

一般而言，因加工應變產生硬化的材料可透過熱處理使其恢復，而恢復的起始溫度則依金屬種類有所不同。純銀在100℃以下的低溫便會開始恢復，在此階段材料開始再結晶化，內部組織開始從纖維狀轉變為微粒狀結晶並消除加工應變，拉伸率增加、抗拉強度及硬度則降低。溫度繼續升高後，抗拉強度與硬度會逐漸降低。拉伸率則隨溫度上升逐漸增加，但超

圖6-5 純銀的自退火現象

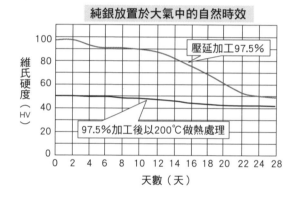

圖6-6 銀的熱處理溫度與機械性質

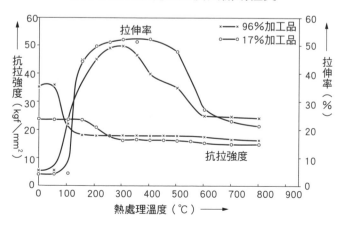

圖 6-7 金的熱處理溫度與機械性質

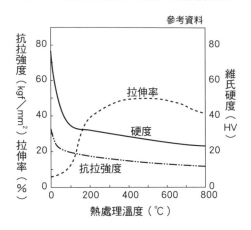

圖 6-8 鉑的熱處理溫度與機械性質

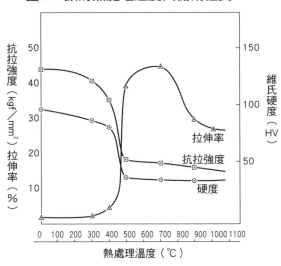

過一定溫度後反而會開始降低。原因是超過一定溫度後結晶會成長變大，晶界中析出雜質並脆化（**圖 6-6 ～圖 6-9**）。

　　再結晶的溫度和時間與加工率呈相關關係。加工率愈高，則再結晶溫度愈低。應變量與再結晶溫度及時間，極大程度取決於加工率。**圖 6-10** 的例子為純鉑。

　　圖 6-10 為純鉑做壓延加工的加工率，與熱處理後變軟的溫度關係。

　　加工所產生的應變量大時，再結晶溫度低。殘留應變愈大時，則會在

愈低溫度下再結晶，且晶粒變得極小。如前所述，加工率與熱處理溫度及晶粒之間有著密切關聯。

　　前述關係會對之後進行的加工造成極大影響。例如折彎及深引伸加工中，要求材料必須具備高拉伸率且晶粒微小。折彎時的彎曲處、深引伸時凸緣及底部R角中，有彎曲、拉伸、壓縮等力作用於其中，必須具備足以承受該力的強度及拉伸率。拉伸時如該處晶粒大，表面會產生皺皮（orange peel）或龜裂並阻礙加工。

圖6-9 鈀的熱處理溫度與機械性質

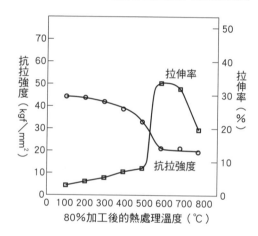

圖6-10 純鉑的加工率與熱處理溫度

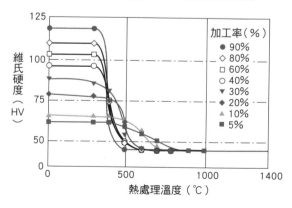

圖 6-11 鉑的熱處理溫度與組織

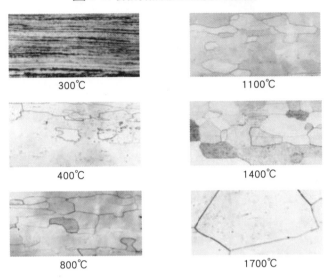

300℃ 1100℃

400℃ 1400℃

800℃ 1700℃

　　純鉑的熱處理溫度與結晶組織如**圖 6-11** 所示。圖中可觀察到純鉑於 400℃左右開始再結晶，隨溫度上升晶粒逐漸成長變大的狀態。1700℃時晶粒在板中已呈上下貫穿的狀態。晶粒如圖中變大時，材料會變脆且拉伸率降低。

6.2 固溶體強化

　　純貴金屬與其他元素混合成合金後可增加硬度，各合金元素所增加的硬度程度不同。圖 6-12 ～ 6-15 範例中為銀、金、鉑、鈀添加其他元素後的影響。

　　合金的性質受原子彼此溶解度影響，溶解度依原子種類、性質、原子半徑而不同。彼此原子半徑差異不大，週期表上為同「族」元素，且擁有相同晶體結構的金屬，其原子位置可互換並彼此固溶。以銀與金為例說明，銀的原子半徑為 1.442Å（angstrom，埃，10^{-8}cm），金為 1.439Å，大小幾乎一樣。而在週期表上金銀與銅屬同族，其晶體構造亦同為面心立方晶格，將銀與金混合成合金後雙方溶解度良好，可以任意比例固溶。故即使增加彼此分量，硬度也不會增加太多。鉑與鈀亦同，即便增加彼此分量也不會變得多硬。

　　另一方面，銅與銀同族，為面心立方晶格，與銀性質類似，但原子半徑較銀小，僅 1.28Å。原子半徑若有差異，則混合成合金時雙方原子間會產生扭曲而變硬（圖 6-16 a、b）。跟銀與金混合成合金時相比，銀與銅混合成合金時如圖 6-12 所示其硬度更高。

　　將銀與銅混合成合金時，除部分比例外，並不像銀與金混合成合金時一樣可以任意比例固溶。銀與金在按一定比例製作合金時，只需要加入與

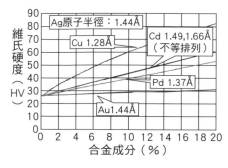

圖 6-12 添加元素對銀的影響

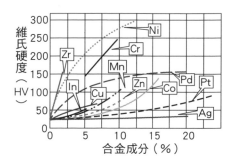

圖 6-13 添加元素對金的影響

圖 6-14 添加元素對鉑的影響

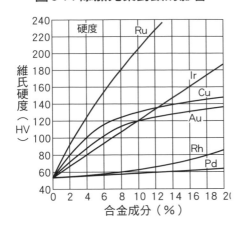

圖 6-15 添加元素對鈀的影響

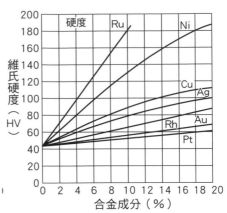

該合金比例相符的量便可固溶；而銀與銅即使已決定合金比例，但銅對銀的固溶區域，與銀對銅的固溶區域仍受溫度限制。

固溶量最多的區域如**圖 6-17** 所示，在 779℃時銅對銀為 8.5 ～ 8.9%，銀對銅為 7.0 ～ 9.1%。溶融時即便已將其熔解，仍會凝固並分離成上述固溶區域的合金比例，個別形成不同比例的合金並混入、分散於整體之中。溫度下降後此固溶區域變小，常溫下幾無可固溶的範圍。

銀與銅的合金為2種金屬合金，除液相（溶融）與固相（凝固）狀態外，亦有液相與固相同時存在的中間狀態。

例如具共晶結構的銀72%－銅28%合金，以前述比例溶解可使其固溶，但凝固後製作固溶體的極限（固溶度極限）受限制，液相與固相的凝固點相同，為779℃。由於在同樣溫度中凝固，讀者可能會認為其成分為銀72%～銅28%，但其實是銀中含8.5 ～ 8.9%銅的合金，與銅中含7.0 ～ 9.1%銀的合金同時析出後凝固的合金。這類合金稱為共晶合金，其性質為硬度及強度皆高，但脆。

圖6-16 合金原子大小造成的影響

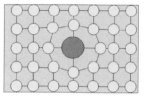 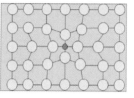

a. 合金原子大的情況　　　b.合金原子小的情況

圖6-17 銀-銅合金的固溶範圍（一例）

銀與銅在低溫中分離為2個相，固溶範圍變小

溫度（℃）	銀中的銅（wt%）	銅中的銀（wt%）
779	8.5－8.9	7.0－9.1
750	7.0－7.5	－
700	5.2－6.1	4.4－5.5
600	3.1－3.5	2.1－2.9
500	1.7－1.9	0.9－1.5
400	0.7－1.1	0.4－0.9
300	0.4－0.6	0.2－0.25
200	0.2－0.4	0.1
100	0.2	－
0	0.1	－

6.3 析出硬化

(1) 銀－銅合金範例

　　合金依照種類分為會析出硬化與不會析出硬化的合金。彼此金屬元素在所有溫度範圍中皆可良好固溶的合金不會析出。有些合金即便高溫中可固溶，但溫度降低後會產生部分分離並析出。此類在高溫中可均勻固溶的合金，調整溫度與時間後可使其生成析出相後硬化。生成的析出物會阻礙差排通過，使其不易變形達成強化。

　　貴金屬中典型的析出硬化型材料被稱標準銀的銀92.5％－銅7.5％合金，此材料的製作即應用了析出硬化現象，是自古以來人類便非常熟悉的材料，並用於各種用途中。

　　此合金的液相點約890℃、固相點約808℃。此合金中，銅固溶於銀中的量會隨溫度降低而減少。在低於固相線的760～780℃中做固溶化處理後，其加工組織及鑄造組織會轉變為具均勻互溶組織的α相（圖6-18）。將此溫度極速冷卻（水冷）後，回到常溫中仍可維持其固溶體化組織。在此狀態下以200～600℃範圍做一定時間的熱處理後，依處理條件，原本溶於銀中的銅在該溫度中無法固溶的部分會在晶界中析出。圖6-18為析出狀況。

　　例如在200℃時微細的晶界周圍形成析出物，到達300℃時析出程度加劇，析出量隨溫度上升而增加。析出方式會因溫度與時間而不同，伴隨產生的應變亦會使硬度發生變化。開始析出的初期，約200℃的階段中便會變硬，在300℃左右時達到最高硬度。

　　圖6-19所示為析出硬化後維氏硬度與溫度的關係。圖6-20為銀－銅合金在各溫度下的熱處理時間與硬度的關係。析出量隨溫度與時間而增加，超過一定時間或一定溫度後發生過時效現象。此現象在標準銀中如圖6-19所示，300℃時達硬度高峰，但繼續提高溫度後析出物開始凝聚，呈現應變量少的穩定狀態且變軟。

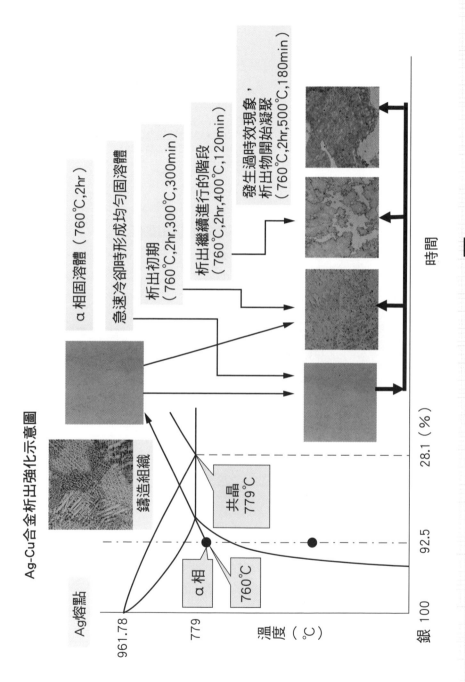

圖 6-18 銀 - 銅合金析出示意圖

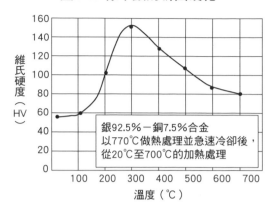

圖 6-19 標準銀的析出硬化

銀92.5%－銅7.5%合金
以770℃做熱處理並急速冷卻後，
從20℃至700℃的加熱處理

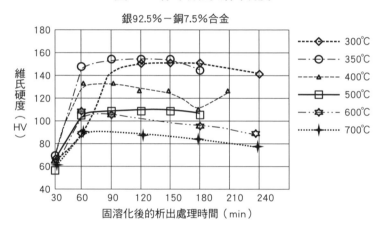

圖 6-20 標準銀的析出硬度

銀92.5%－銅7.5%合金

- - - ◇ - - - 300℃
- - ○ - - 350℃
- - △ - - 400℃
——□—— 500℃
- · ✳ · - 600℃
·····✦····· 700℃

(2) 金－鉑合金範例

　　金－鉑合金自古以來便一直用於化學纖維的紡絲噴絲頭中。此合金在硬度低時進行深引伸或精密孔加工，之後透過析出硬化可製成耐壓力、耐磨損、不易刮傷、耐蝕性佳的紡絲噴絲頭。

　　將25%鉑與金混合成合金後會開始析出硬化，但此階段中仍無法製得具備足夠強度的合金，故以40～50%鉑製作合金。但此合金比例的液相線與固相線相差達250～300℃，此差異會導致金－鉑合金難以熔解、鑄造。且之後的固溶化處理中析出硬化會受溫度所影響，因此需要特別留意

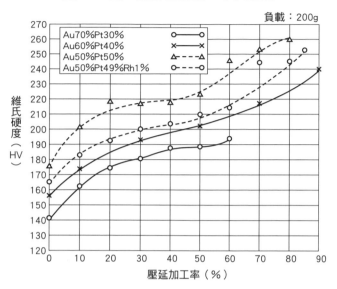

圖6-21 金－鉑合金的加工率與硬度

負載：200g

Au70%Pt30%
Au60%Pt40%
Au50%Pt50%
Au50%Pt49%Rh1%

維氏硬度（HV）

壓延加工率（％）

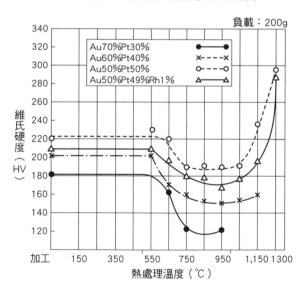

圖6-22 金－鉑合金的熱處理與硬度

負載：200g

Au70%Pt30%
Au60%Pt40%
Au50%Pt50%
Au50%Pt49%Rh1%

維氏硬度（HV）

加工　熱處理溫度（℃）

圖 6-23 鉑合金的熱處理溫度

合金	熱處理溫度（℃）		
	固溶化處理	退火	析出
Au70%－Pt30%	1100	700	600
Au60%－Pt40%	1150	850	600
Au50%－Pt50%	1200	900	600
Au50%－Pt49%－Rh1%	1200	900	600

圖 6-24 金－鉑49%－銠1%合金的析出硬化

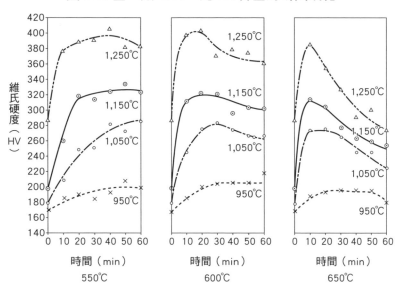

溫度條件。金－鉑合金做加工硬化與熱處理後的硬度變化如**圖6-21**、**6-22**所示。

　　將材料經過700～900℃中間熱處理使其軟化後做壓延加工，接著以1100～1250℃固溶化處理後急速冷卻（水冷），做深引伸、微孔加工後以約600℃溫度使其析出硬化。

　　固溶化及析出的適當溫度如**圖6-23**所示。

　　此外，**圖6-24**的範例為固溶化處理後析出硬化的金－鉑49%－銠1%合金。材料析出後會硬化，但是2相混合的組織在鑄造階段易發生偏析。

金－40～50％鉑合金為液相線與固相線之間相差大的合金典型，且接近固相線後有部分為異質的2相同時存在的區域，故熱處理的溫度管控非常重要。理由為當偏析造成合金比例不均時，金較多的部分由於熔點較固溶化溫度低，該處會產生選擇性溶析。隨著溫度升高，晶粒變大並脆化，成為硬而脆的合金。

　　例如金－鉑50％合金，其組織在加工狀態中呈微細纖維狀組織，但以高溫做固溶化處理後晶粒成長變大，析出硬化後變硬變脆。此合金中添加0.5～1％銠可抑制結晶成長使結晶微化，成為硬且具有韌性的材料。**圖6-25**為其比較圖。

圖6-25 固溶化處理與結晶的析出

金－鉑50％加工後

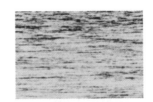

金－鉑－銠1％合金加工後

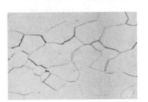

金－鉑50％固溶化後

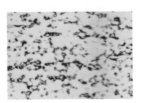

金－鉑－銠1％固溶化後

金－鉑50％析出後

金－鉑－銠1％析出後

透過有序排列強化材料

　　金屬的合金製作分為：溶質金屬（其他金屬元素）進入到溶劑金屬（原本的金屬元素）晶格間的侵入型合金（**圖6-26**）製作、將溶劑金屬中原本晶格點上的原子替換的取代型固溶體（**圖6-27**）製作、製作金屬互化物（有序晶格）等情況。

　　金與銅同為銅族面心立方晶格，但金的原子半徑為1.44Å，銅為1.28Å，兩者有些許差異。將銅與金混合成合金時，在高溫中不論哪種比例銅原子都會無序混入金原子間。但銅在40％～95％範圍的合金在低溫域會形成特定晶格，金與銅原子相互交換，呈有序排列（**圖6-28**）。此為取代型固溶體的特殊情況，原本散亂分布的原子呈有序排列。結構為面心

圖6-26 間隙型固溶體

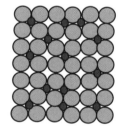

圖6-27 取代型固溶體

圖6-28 固溶體分子排列

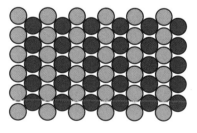

有序固溶體

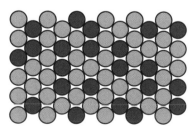

取代型固溶體（無序固溶體）

圖6-29 金屬互化物

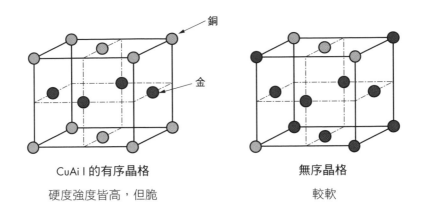

銅

金

CuAi l 的有序晶格

硬度強度皆高，但脆

無序晶格

較軟

立方晶格的金與銅中，晶面中心皆由銅所占據，角落則由金原子占據，形成銅對金3：1（Cu3Au），原子比例為銅75％、金25％的合金。與前述相反的合金為銅對金1：3（CuAu3），銅25％金75％；此外還有四面中心由金所占據，其他地方由銅占據的合金，其金銅比為1：1（AuCu），原子比例為金50％，銅50％（**圖6-29**）。

　　這種呈有序排列的狀態稱為金屬互化物（有序晶格）（此化合物意義不同於化學中的離子化合物晶體及共價化合物）。

　　將金與銅混合成合金，原本隨機排列的金與銅在一定溫度與時間下會轉變為井然有序的排列，稱為金屬的有序、無序轉變，金－銅合金即為其典型範例。當材料轉變為這種有序排列後，塑性加工性會變得極低，而強度、硬度、密度則變高。

　　金與銅充分混合，原子隨機分布（無序狀態）時硬度低，轉變為有序排列後形成金屬互化物（有序晶格），變硬變脆。**圖6-30**為銅金比1：3（CuAu3）合金的析出溫度與抗拉強度、拉伸率間的關係。

圖 6-30 金－銅合金的析出溫度與抗拉強度與拉伸率關係

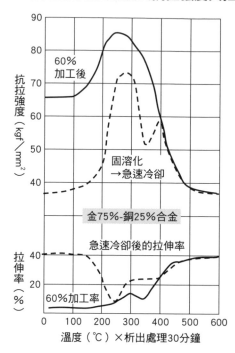

6.5 透過結晶微化強化材料

金屬強度與晶粒大小相關,晶粒小則韌性提高強度增加。金屬的變形主要來自滑移。晶體結構決定了容易滑移的方向與滑移面。多晶金屬內部中,晶向呈各個方向隨機分布。晶粒小的金屬受外力負荷時,晶粒各自朝著容易滑移的方向與面,意即朝各個方向滑移。晶粒大時,雖會朝易滑移的方向滑移,但因晶粒數量少,變形阻力也小,與晶粒小的金屬相比僅需較弱的力即可使其產生變形。

以鋼鐵材料為首的非鐵金屬中,有許多利用此機制將材料強化的例子,而貴金屬中則有金打線等例。

電子零件因微型化與高積體化,連接間隔極為狹窄,連接部分為多層化、立體化(**圖6-31**)。故為使IC晶片與導線部位能夠精密接合,金打線必須可維持正確線弧形狀。為此,金打線必須具備機械強度,但ASTM(美國材料與試驗協會)規格中規定需要使用純度99.99%以上金以維持其導電性。故必須做更高純度控制,例如在規範值內微量添加0.005%(5ppm)以下的釔、鈹、鎂等各種金屬元素,在維持高純度的同時賦予所需功能及

圖6-31 多層打線典型範例

特性。之後將加工率與熱處理溫度做最佳化處理使其晶體結構微化並調整為纖維狀組織，即可獲得所需的功能及特性。

圖6-32為金線特性中的範例之一，除此之外還有其他具備各種機械性質的材料。

圖 6-32 金打線特性範例

類型		斷裂負載 平均 （mN）	拉伸率 （％）	再結晶 長度 （μm）	用途及特徵
高線弧	Y	86	3.5	350－400	
	GHA 2	115	4.0	250－290	
中線弧	GSA	106	4.0	170－190	良好的二次接合性
	M 3	119	4.0	220－260	
	FA	107	4.0	180－200	
	GMH	128	5.0	160－190	可用於小型焊盤中
	GMG	135	4.0	150－170	可用於微距及各種長短間距中
	GMH 2	151	4.5	120－140	打線抗變形性佳
低線弧	GLD	128	5.0	130－160	可耐細頸部損傷
	GLF	130	5.0	110－130	可用於長低線弧中

6.6 透過微細氧化物 彌散強化材料

金屬中含有添加物、夾雜物、氣體等物質時，該部位會阻礙差排的通過。差排不易通過則材料不易變形，此為其強化機制。

（1）銀／氧化鎳範例

如前所述，銀是非常軟的材料，在相對較低的溫度中即可再結晶化，產生自退火現象。這裡以銀與鎳為例，說明防止銀自退火的方法。

鎳是基本上不易與銀形成合金的材料。將銀與鎳熔融時，雙方會分成2相分布於材料中，但凝固後可與銀形成合金的鎳僅約0.3％以下，兩者有如油與水一般分離。

僅用0.1％的鎳與銀混合成合金，無法使材料產生太大的硬化效果。但將此合金於氧氣氣氛中加熱後，銀中的氧會透過銀，只有鎳被氧化。透過此原理，銀中的微細氧化鎳會呈均勻分散狀態，機械強度大幅提升並變硬。並且再結晶溫度亦會上升，防止自退火現象發生。

此銀／鎳氧化物材料的特徵為不僅硬度變高，且材料中僅含微量鎳氧化物，導電性與銀幾乎相同，為優良導體，不像銀一般會自退火，強度亦增加，故用於低電流負載開關中的電接點材料。

（2）鉑／氧化物範例

鉑在大氣中耐高溫，用於玻璃熔解用的坩堝及裝置，但機械強度差，故以合金化方式希望提高其強度，然而沒有其他材料能夠在大氣中承受高溫，銠是唯一選擇。但銠會使玻璃染上顏色，用途極其有限，故開發出新方法，此技術一般使用約0.1～0.3％的微量氧化鋯及氧化釔，將其分散於鉑中提高材料強度。此材料尤其耐高溫，蠕變斷裂強度大幅提升，為優秀的強化材料。

此材料的製造法中有數個已投入實際應用的方案。這裡介紹以下典型

例子：

①將鉑與鋯（0.1～0.3％）合金熔解，以噴霧法製成粉末並氧化後，將鋯的氧化物均勻分散於鉑內部，經過燒結、壓縮及鍛造後製成板材或線材的加工法。

②將鉑粉末與氧化鋯粉末混合後壓縮、燒結，鍛造成形後製成板材或線材的加工法。

③將鉑－鋯合金的板材或線材以氣體或電弧等方式將其熔融、噴射製成粉末，經氧化、燒結、鍛造、壓縮後，製成板材或線材的加工法。

④以利用化學反應方式的共沉澱法同時製得鉑與鋯的微細均勻混合粉末，將其氧化、壓縮、燒結、鍛造後製成板材或線材的方法。

這些材料的高溫蠕變段裂強度示例如圖6-33。一般認為其強化機制為將微細氧化物粒子均勻分散於母材鉑中，可阻礙其高溫下差排的移動。

鉑／氧化物系強化材料在室溫下的機械性質如圖6-34、圖6-35所示，可知與鉑相比，其強度並不算大幅提升；且與鉑－銠10％合金相比，其強度更是遠遠不及。但此材料在高溫中的抗變形性遙遙領先於未經強化的材料。

如圖6-35所示，鉑在400℃附近開始再結晶，結晶隨著溫度上升而成長並變軟、強度降低。與鉑相比，如圖6-35所示，強化鉑的再結晶溫度

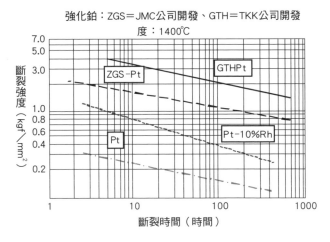

圖 6-33 強化後的鉑的蠕變斷裂強度比較

強化鉑：ZGS＝JMC公司開發、GTH＝TKK公司開發

度：1400℃

圖6-34 強化鉑的加工率與硬度

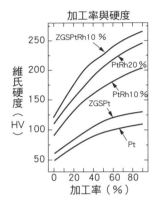

加工率與硬度

ZGSPtRh10 %
PtRh20 %
PtRh10 %
ZGSPt
Pt

維氏硬度（HV）

加工率（％）

圖6-35 強化鉑的熱處理溫度與硬度

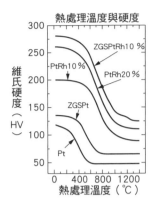

熱處理溫度與硬度

ZGSPtRh10 %
PtRh10 %
PtRh20 %
ZGSPt
Pt

維氏硬度（HV）

熱處理溫度（℃）

圖6-36 鉑 1400℃ ×500 小時

圖6-37 ZGS鉑 1400℃ ×500 小時

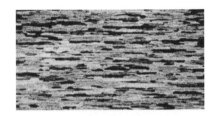

雖然只提高一些，但溫度上升後結晶成長仍受抑制，有如加工組織一般維持細長狀晶粒，即便達1400℃，其晶粒與鉑相比仍差異甚大（**圖6-36、6-37**）。透過將鋯氧化物分散於鉑中，即使在高溫中仍可抑制結晶成長，阻礙差排通過，可抑制高溫時的蠕變變形，蠕變強度遠高於鉑及鉑－銠合金。由於此材料的高溫蠕變強度高，故拉伸率低，但拉伸率低同時是優點也是缺點。

例如在高溫中使用玻璃熔解裝置時，為保護鉑會在外圍使用耐高溫材料，但鉑與耐高溫材料的熱膨脹係數差異或組裝時的尺寸誤差等，會使鉑在高溫時延展（變形），若變形後剛好符合耐高溫材料的形狀時算運氣好，但強化鉑由於不會延展，可能造成材料斷裂。

但用於拉絲版中的基座等零件時，不會變形這點具有重要意義。玻璃纖維在紡絲時吐出纖維絲的基座無法以耐高溫材料保護，因此長時間受本

身重量、玻璃重量、熱膨脹等外力作用。基座變形會嚴重影響纖維尺寸，故變形阻力大的強化鉑可發揮極為重要的作用。

前面說明了此材料的強化機制為氧化物彌散強化，但粉體加工中材料內含了微細分散的氣體成分，這些成分的存在也被認為是強化的主要因素，目前仍在持續研究以解開其強化機制。

關於差排

　　差排（dislocation），指的是金屬晶體中的線缺陷。由於施加外力後會造成差排周圍的原子移動，並導致材料產生塑性變形，故理論上僅需施加比原子間結合力小的外力即可使材料變形。

　　差排可分為刃差排（edge dislocation）、螺旋差排（screw dislocation），以及混合了前述兩者的混合差排。

　　圖1～2所示為刃差排造成金屬產生剪變形的機制。圖中實線處C－D為多餘的原子排列。如施加圖中以箭頭表示的剪應力，虛線處A－B的原子便會由B處朝A處產生位移。實線處C－D上的多餘原子面則僅向右位移並持續變形。比起欲將每個原子從原子面上移開所需要的理論剪應力，實際上僅需遠小於理論值的應力即可使其產生位移。如前所述，刃差排能夠起到讓金屬輕易產生塑性變形的作用。

　　我們測試金屬的實際剪應力後，確認僅為理論值的萬分之一至千分之一左右。

圖1

D處至C處的原子列為插入部分

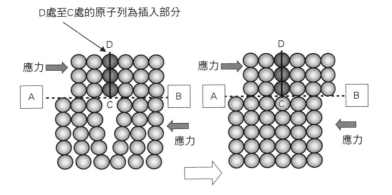

圖 2

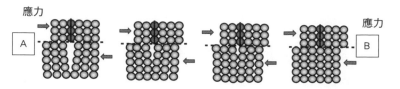

　　圖 1、2 中的虛線處 A－B 稱為「滑移線」，為原子產生滑移的
面。刃差排僅於沿滑移線上的面發生。另外，此圖中以實線處 C
－D 表示的原子面為一處晶面插入晶體中，由於從表面到部位 C 的
形狀有如插入一把刀子般而稱為刃差排。且由於從部位 C 至更深
處的原子呈線狀整齊排列，故將此假想線稱為差排線。但實際上
金屬晶體中的差排線並非一直線，而是會在某處呈直角或曲線狀。

　　我們經常會用把地毯如波浪般接連輕甩即可輕鬆移開地毯、或
圖 3 中所示如毛蟲般的前進方式等例子，來比喻由差排原理所造成
的變形。

圖 3 以毛蟲般的前進方式移動

6.7 透過非晶化強化材料

　　Amorphous metal 指的是不具晶態的金屬，一般稱為非晶態金屬。此狀態中的金屬元素在形成固體時並非以晶格狀整齊集合排列。過去要將一般金屬製成非晶態金屬時，需要透過超急速冷卻（10^{4}℃／s）使其在常溫下仍能保持熔融時的晶格狀態，為此需要將金屬製成熱容量小的薄片或細線。此製備法主要於鐵系材料中已進入實際應用階段。

　　另一方面，東北大學金屬材料研究所的井上明久教授（現東北大學校長）所發明的製法中以鈀系材料進行製備，其冷卻無需達超急速冷卻便能製出直徑80mm、高50mm的非晶態塊狀金屬玻璃。此製備法比起一般金屬，僅需較平常稍快的冷卻速度（10℃／s）即可鑄成非晶態金屬。目前於鐵系、鋯系、鈦系、鎳系合金中已投入實際應用。其高強度、低彈性、高耐蝕性及高磁導率之性質，被用於高性能壓力計以及醫療機器中的小型馬達等特殊用途。

　　目前貴金屬系合金中，主要以鈀－銅－鎳－磷系、鉑－鈀－銅－磷系，以及鉑－銅－磷系合金等為大宗。

　　欲製造金屬玻璃，就目前已知經驗而言一般認為需要3種以上元素所組成的合金、3元素間原子半徑相差達12％以上，以及3元素間彼此混合熱為負值等條件。　金屬玻璃的抗拉強度及硬度皆高、楊氏模量（或稱彈性模量）小，與一般金屬相比，其特性截然不同。金屬玻璃在做 X 射線繞射分析時不像金屬會產生結晶特有的尖銳波峰，而是與玻璃相同，呈現彌散而寬闊的非晶態波峰（如圖6-38所示），且同時擁有結晶化溫度（Tx）及玻璃轉化溫度（Tg）2種溫度。當溫度介於結晶化溫度與玻璃轉化溫度之間時，此狀態稱為過冷液體，達到玻璃轉化點時其體積會產生變化。此乃由於金屬玻璃同時兼具金屬與玻璃兩者性質而產生的重要特徵。

　　如以金屬玻璃擁有玻璃性質這點來看，一般可能會認為無法於室溫下進行加工，但有些如原子百分比鉑48.75％－鈀9.75％－銅19.5％－磷22

圖6-38 金屬玻璃的X射線繞射分析結果

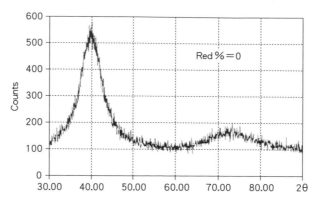

圖6-39 Pt－Pd9.75－Cu19.5－P22（原子％）金屬玻璃
的加工率、抗拉強度、硬度關係

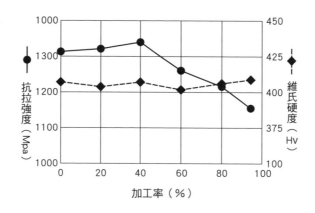

％的金屬玻璃可進行壓延加工，壓延時也不像金屬般會硬化。此材料於室溫下進行壓延加工時的加工率與抗拉強度及硬度關係如圖6-39所示。鑄造狀態時其硬度雖然超過400HV，但如圖中所示，即便經過壓延加工也不會發生加工硬化。抗拉強度在加工率超過40％後開始下降。密度與一般金屬相比低了0.45％左右，但強度及硬度則遠高於鉑系材料，甚至可達其10倍。將此合金結晶化後會變得極脆弱，甚至和玻璃一樣，從跟書桌差不多高的高度掉到地上就會碎裂。

　　故此材料目前僅用於防刮戒指等裝飾品以及可發出清脆高亢鈴響的風鈴等擺設中，期待今後能開發出產業用的新用途。

關於滑移

　　金屬承受來自外界的拉伸或壓縮應力後會變形，應力移除後又恢復到原本形狀，此為彈性變形。但若該應力超過材料的降伏強度則產生永久變形，即便移除應力後也不會恢復原本形狀，稱為塑性變形。

　　如**圖1**所示，塑性變形為材料在特定晶面上受剪應力影響，沿斜箭頭所示的拉伸、壓縮應力方向滑移所造成的現象（惟靜水壓力造成的壓縮應力中不產生剪應力）。

　　如**圖2**所示，以A及A'所示的原子排列方向中如"D"一般最緊密的原子間隔E'，比以B及B'所示排列方向中的原子間距離F'還大，可知此方向容易產生滑移。滑移會於某特定結晶面中發生，易滑移晶面的原子間隔較其他晶面的間隔大，故受到應力時會沿剪應力方向滑移。

　　如**圖3**所示，撲克牌重疊時即使從上方往下壓也不會產生變形，但斜壓則可輕易使其滑動並變形。類似現象在金屬晶體中發生，朝某個面與方向滑移。金屬中的晶體結構決定了易滑移的方向及面。

　　金、銀、鉑、鈀等材料如**圖4**所示為面心立方晶格，易滑移面為 { 111 } 面，滑移方向為 < 110 > 方向。此 { 111 } 面有4個滑移面、< 110 > 方向有3個滑移方向，合計共有12個滑移系存在。

圖1 拉伸、壓縮所造成的剪應力方向

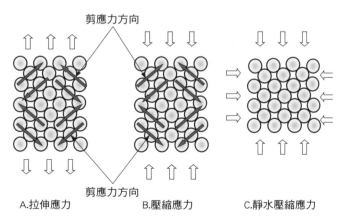

A.拉伸應力　　　　　　　B.壓縮應力　　　　　　　C.靜水壓縮應力

圖 2 原子構造示意圖

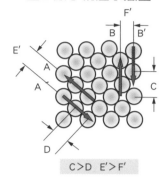

C>D E'>F'

圖 3 將撲克牌斜推後的狀態

圖 4 滑移的示意圖

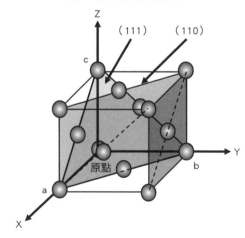

晶體中面及方向的表示方法，為將晶體結構中原點到交叉點的長度以晶格單位距離的倒數表示，稱為密勒（Miller）指數。

參考文獻

1. 「A History of Platinum and its Allied Metals」（DONALD McDONALD & LESLIE B. HUNT）Johnson Matthey 1982.6 Hatton Garden. London. EC 1
2. Platinum 2000～2015 Johnson Matthey
3. 「貴金属の科学　基礎編」鈴木平　目黒健次郎　監修　1985.11.　田中貴金属工業株式会社
4. 「貴金属の科学　応用編」田中清一郎監修　1985.11.　田中貴金属工業株式会社
5. 「貴金属の科学　応用編　改定版」本郷成人監修　2001.12.　田中貴金属工業株式会社
6. 「医療用金属材料概論」㈳日本金属学会　平成22.2.　丸善株式会社
7. 「金属組織学」須藤一、田村今男　西沢康二共著　平成19.10　丸善株式会社
8. 「材料強度の考え方」木村宏著　株式会社アグネ技術センター　1998.10
9. 「硝子長繊維　改定版」景山尚義著　景山技術士事務所　昭和58.5
10. 「白金族と工業的利用」岡田辰三　後藤良亮共著　産業図書株式会社　1956.12.
11. 「SILVER Economics Metallurgy, and Use」Allison Butts Charles D. Coxe, 1967. SPONSORED BY HANDY & HARMAN D. VAN NOSTRAND COMPANY, Inc.
12. 「GOLD Recovery, Properties, and Applications」Edited by EDMUND M. WISE 1964. D. VAN NOSTRAND COMPANY, Inc.
13. 「PALLADIUM ALLOYS」E. M. Savitskii, V. P. Polyakova and M. A. Tylina（Translated by R. E. HAMMOND）Primary Sources 1969. /Publishers New York
14. 「PALLADIUM RECOVERY, PROPERTIES, AND USE, EDMUD」M. WISE 1968. ACADEMIC PRESS New York and London
15. 「貴金属・レアメタルのリサイクル技術集成」発行者吉田　隆　2007.10.　株式会社エヌ.ティー.エス
16. 「貴金属のおはなし」田中貴金属工業株式会社編　1988.12.　財団法人日本規格協会
17. 「貴金属の科学」菅野照造監修　貴金属と文化研究会編著2007.8.　日刊工業新聞社
18. 「最新金属加工の基本と仕組み　基礎と実務」田中和明著　株式会社秀和システム 2008.10.
19. 「図解雑学　金属の科学」徳田昌則・山田勝利・片桐望著2007.10.　株式会社ナツメ社
20. 「よくわかる「最新金属の基本と仕組み」田中和明著　2006.11.　株式会社秀和システム
21. 「ヴァン・ブラック　材料科学要論」L. H. Van Vlack　訳者渡辺亮治・相馬淳吉 1964.7.　㈱アグネ
22. 「ガイ　金属学概論」Albert. G. Guy　訳者　諸住　正太郎　1964.4.　㈱アグネ
23. 「ジュエリーキャスティングの基本と実際」諏訪小丸、藤田亮、他撮影　柏書店松原 ㈱　2001.01.

中日英文對照表暨索引

中文	日文	英文	頁數
TIG 焊（鎢極惰性氣體保護焊）	TIG溶接	Tungsten Inert Gas Welding	177
LBMA 倫敦金銀市場協會		LBMA	143
LPPM 倫敦鉑鈀市場協會		LPPM	144
（金屬）坯	ビレット	Billet	166
凸塊	バンプ	Bump	91
打線	ボンディングワイヤー	Bonding Wire	80、81
交叉耦合反應	クロスカップリング反応		19、97
灰吹皿	キューペル	Cupel	42
克拉	カラット	Carat	146、147
冷成形	冷間加工		27
夾送輥	ピンチロール	Pinch Roll	154、155
抗拉強度	引っ張り強さ	Tensile Strength	26
汞齊	アマルガム	Amalgam	52、127
車床	旋盤	Lathe	173
析出硬化	析出硬化	Precipitation Hardening	216
直接擠型	前方押出	Forward Extrusion	166
金溶膠	金コロイド		132
阻障金屬	バリアメタル	Barrier Metal	91
厚膜混合積體電路	厚膜ハイブリットIC		85
差排	転位	Dislocation	231
柴氏拉晶法（柴可拉斯基法）	引き上げ法／チョクラルスキー法（CZ 法）	Crystal Pulling	19、114
氨氧化催化劑	アンモニア酸化触媒		103
偏位降伏強度	0.2%耐力	Offset Yield Strength	125
側流檢測	イムノクロマト法	Lateral Flow Testing, LFT	132
國際退火銅標準	IACS	International Annealed Copper Standard	27
接頭	コネクター	Connector	79
眼模；擠模	ダイス	Dies	166、169
硫系玻璃	カルコゲン化物ガラス	Chalcogenide Glass	109
軟焊	はんだ付け	Soldering	116、117
陶瓷	ポーセレン	Porcelain	119、125
晶向	結晶方位	Crystal Orientation	114、225
氰化法	青化法		52
硬焊	ロウ付け	Brazing	116、117
間接擠型	後方押出	Backward Extrusion	166

中文	日文	英文	頁數
催化劑	触媒	Catalyst	97
奧沙利鉑	オキサリプラチン	Oxaliplatin	128、129
溶膠粒子	コロイド粒子	Colloidal Particle	14、110
鉚合	かしめ	Reviting	172
電阻焊	抵抗溶接	Resistance Welding	177、178
電容	キャパシター（コンデンサ）	Capacitor（Condenser）	18
電漿焊	プラズマ溶接	Plasma Welding	177
電遷移	エレクトロマイグレーション	Electromigration	80
嫘縈	レーヨン	Rayon	133
維氏硬度	ビッカース硬さ		26
噴絲頭	紡糸口金		133
層析分離	クロマトグラフ分離	Chromatographic Separation	205
澆道	湯道	Runner	159
澆鑄	鋳込み	Casting	154
熱成形	熱間加工		27
熱電偶	熱電対	Thermo-Couple	92、93
熱電動勢	熱起電力	Thermo Electromotive Force	92
熱噴塗	溶射	Thermal Spray	181
磊晶	エピタキシャル	Epitaxy	114
導管	カテテール	Catheter	
導線架	リードフレーム	Lead Frame	80、81
樹枝狀結晶	デンドライト	Dendrite	162
靜水壓擠型	静水圧押出	Hydrostatic Extrusion	166
壓延	圧延		171
複合	クラッド	Clad	179
擠型	押出成型	Extrusion	166、167
縫焊	シーム溶接	Seam Welding	177
臨界值	閾値	Threshold Value	106
賽貝克效應	ゼーベック効果	Seebeck效應	92
鍛焊	鍛接	Forge Welding	177
點焊	スポット溶接	Spot Welding	177
濺鍍靶材	スパッタリングターゲット	Sputtering Target	82
離子鍍	イオンプレーティング	Ion Plating	193
蠕變	クリープ変形	Creep Deformation	228、229
蠕變斷裂強度	クリープ破断強さ	Creep Rupture Strength	227、228

國家圖書館出版品預行編目資料

圖解貴金屬技術 / 清水進, 村岸幸宏著；洪銘謙譯. -- 初版. -- 臺
北市：易博士文化, 城邦文化事業股份有限公司出版：英屬蓋曼群
島商家庭傳媒股份有限公司城邦分公司發行, 2022.11
　　面；　公分
譯自：絵とき「貴金属利用技術」基礎のきそ
ISBN 978-986-480-249-4(平裝)

1.CST: 金屬工作法

472.1　　　　　　　　　　　　　　　111016726

DA3009
圖解貴金屬技術

原 著 書 名／絵とき「貴金属利用技術」基礎のきそ
原 出 版 社／日刊工業新聞社
作　　　者／清水進、村岸幸宏
譯　　　者／洪銘謙
責 任 編 輯／黃婉玉

業 務 經 理／羅越華
總 編　　輯／蕭麗媛
視 覺 總 監／陳栩椿
發 行　　人／何飛鵬
出　　　版／易博士文化
　　　　　　城邦文化事業股份有限公司
　　　　　　台北市中山區民生東路二段141號8樓
　　　　　　電話：（02）2500-7008　傳真：（02）2502-7676　E-mail：ct_easybooks@hmg.com.tw
發　　　行／英屬蓋曼群島商家庭傳媒股份有限公司城邦分公司
　　　　　　台北市中山區民生東路二段141號2樓
　　　　　　書虫客服服務專線：（02）2500-7718、2500-7719
　　　　　　服務時間：周一至週五上午0900:00-12:00；下午13:30-17:00
　　　　　　24小時傳真服務：（02）2500-1990、2500-1991
　　　　　　讀者服務信箱：service@readingclub.com.tw
　　　　　　劃撥帳號：19863813
　　　　　　戶名：書虫股份有限公司
香港發行所／城邦（香港）出版集團有限公司
　　　　　　香港灣仔駱克道193號東超商業中心1樓
　　　　　　電話：（852）2508-6231　傳真：（852）2578-9337　E-mail：hkcite@biznetvigator.com
馬新發行所／城邦（馬新）出版集團 Cite (M) Sdn Bhd
　　　　　　41, Jalan Radin Anum, Bandar Baru Sri Petaling, 57000 Kuala Lumpur, Malaysia.
　　　　　　電話：（603）90563833　傳真：（603）9057-6622　E-mail：services@cite.my

美 術 編 輯／簡至成
封 面 構 成／簡至成
製 版 印 刷／卡樂彩色製版印刷有限公司

Original Japanese title: ETOKI「KIKINZOKU RIYOU GIJUTSU」KISO NOKISO
by Susumu Shimizu, Yukihiro Muragishi
Copyright © Susumu Shimizu, Yukihiro Muragishi, 2016
Original Japanese edition published by The Nikkan Kogyo Shimbun, Ltd.
Traditional Chinese translation rights arranged with The Nikkan Kogyo Shimbun, Ltd.
through The English Agency (Japan) Ltd. and AMANN CO., LTD.

2022年11月 17日初版1刷
ISBN 978-986-480-249-4（平裝）
定價1500元　　HK$500
Printed in Taiwan

城邦讀書花園
www.cite.com.tw